Barry Eaton

Clarissa v. Reinhardt

In der Welt der Stille

Ein Ratgeber über taube Hunde

animal learn Verlag

ISBN 978-3-936188-53-0

Lektorat: Susanne Artmann
Fotos: Dagmar Spörl, Annette Gevatter, istockphoto.com, Andreas Wille

Satz & Layout: Annette Gevatter, Riegel a.K.
Illustrationen: Antonia Vogel, Kiel
Druck: Druckerei Mack GmbH, Schönaich

animal learn Verlag, Am Anger 36, 83233 Bernau
email: animal.learn@t-online.de, www.animal-learn.de

Inhaltsverzeichnis

Vorwort

von Dr. med. vet. Michael Lehner

Ich kenne Clarissa v. Reinhardt jetzt seit 15 Jahren, zunächst als der Tierarzt ihrer Hunde und Katzen, wobei mir dabei schon ihr ganz spezieller „Draht“ zu Tieren auffiel, und dann zunehmend als Freund und Vertrauensperson, auch hier wieder mit einem ganz besonderen „Tiefgang“. Etwas später wurde ich Mitglied im animal learn-Lehrteam, ihres Lebenswerkes, einer qualitativ hervorragenden Hundetrainerschule und -ausbildung im deutschsprachigen Europa.

Ihr ganzer Einsatz dient dem Ziel, dass Tiere als gleichwertige Lebenspartner akzeptiert werden und dem Menschen den Umgang und das Verständnis für das Denken und Fühlen der Tiere beizubringen. Auch wenn sie sich beruflich – und sehr professionell – auf Hunde spezialisiert hat, weiß ich aus eigenem Erleben, dass jede andere Tierspezies bei ihr gleiche Rechte genießt.

Ich kenne niemanden, der mir als Tierarzt das Verständnis für den sanften und damit unkomplizierten Umgang mit Hunden, und vor allem auch die Beweggründe für die Probleme im Umgang mit „schwierigen“ Patienten besser erklären kann. Clarissa gehört zu den Menschen, die jede Situation auch aus Sicht des Hundes erleben und ich glaube, dass sich durch diese Fähigkeit viele Konfliktsituationen von alleine lösen und durch einfache Änderungen des menschlichen Verhaltens vermeiden lassen. Dies gilt natürlich insbesondere für kranke, unter Schmerzen leidende oder auch „behinderte“ Tiere.

Das Thema körperliche Behinderung wird schon beim Menschen tabuisiert und ausgegrenzt – und beim Tier noch viel mehr. Ich erlebe in meinem Klinikalltag häufig, dass Tiere wegen Behinderungen eingeschläfert oder ins Tierheim abgeschoben werden sollen. Gerade deshalb ist es so wichtig, Aufklärung zu betreiben und Menschen im Umgang mit behinderten Tieren zu schulen.

Dieses Buch ist meines Wissens die erste umfassende Betrachtung der Taubheit auch aus der Sicht des Hundes und darum so wichtig für Tierhalter und beruflich mit Hunden Beschäftigte, um als Mensch den Umgang mit der Behinderung des Tieres zu lernen.

Clarissa v. Reinhardt und ihr geschätzter Kollege Barry Eaton verstehen es vorzüglich, die oft komplexen anatomischen und physiologischen Vorgänge auch für Laien richtig und verständlich darzustellen, und zeigen mit diesem Hintergrundwissen gleichzeitig umfassende Wege und Lerntherapien für die Halter gehörloser oder gehörbehinderter Hunde auf. Deshalb ist dieses in dieser Form einzigartige Buch meiner Meinung nach eine unverzichtbare Pflichtlektüre für alle Menschen, die Umgang mit hörbehinderten Hunden haben.

Ich wünsche vor allem den betroffenen Hunden, dass möglichst viele Menschen in ihrem Umfeld dieses Buch lesen und die Inhalte umsetzen, um ihnen ein qualitativ hochwertiges Leben zu ermöglichen.

Dr. med. vet. Michael Lehner

Vorwort

von Dr. Peter Neville

Ich habe Barry Eaton erstmals als Mitglied der Association of Pet Dog Trainers kennengelernt, einer Vereinigung, die sich der Ausbildung von Hunden mit Verständnis, modernen Motivationstechniken, Geduld und Liebe verschrieben hat. 1996 wollte ich für das britische Magazin „Dogs Today“ eine Geschichte über das Training mit einem tauben Dalmatiner schreiben und wusste, dass Barry dafür der ideale Gesprächspartner war. Er ist ein sanftmütiger Mann, der bereits vor langer Zeit verstanden hat, dass eine effektive Kommunikation zwischen unseren beiden Spezies, die einander so ähnlich sind und sich doch voneinander unterscheiden, das A und O des Hundetrainings ist. Aber er ist auch Ingenieur von Beruf (obwohl Hundetraining mittlerweile seine Vollzeitbeschäftigung ist), und es ist offensichtlich, wie sehr er es genießt, Lösungen zu entwickeln, besonders wenn die Dinge schwierig werden! Tatsächlich könnten Sie, wenn Sie eine Stelle für jemanden ausschreiben müssten, der Trainingsmethoden für durch Taubheit benachteiligte Hunde entwickeln soll, niemanden finden, der besser qualifiziert ist als Barry.

Aber hier mache ich schon meinen ersten Fehler, einen Fehler, den so viele Leute begehen, wenn sie überlegen, ob sie taube Welpen oder erwachsene Hunde überhaupt am Leben lassen, geschweige denn daran denken sollten, mit ihnen zu kommunizieren oder sie zu trainieren. Diese Hunde sind nicht benachteiligt, sie sind nur anders! Es war Barry, der mir beigebracht hat, dass Taubheit für einen Hund kein großes Problem darstellt, da die anderen Sinne sie kompensieren. Die Nase am Boden und mit glänzenden Augen, die regelmäßig aufblicken, um sich der Gegenwart ihrer menschlichen oder hundlichen Gefährten zu vergewissern, können sie die Signale dafür erlernen, zum Nutzen aller zu kooperieren und Aktivitäten zu kombinieren. Hunde arbeiten wie alle anderen Tiere für Belohnungen, und da sie äußerst sozial sind, haben sie Freude daran, ihre Halter zufrieden zu stellen. Barry nutzt diesen Wunsch und beschreibt in diesem Buch brilliant, wie genau die Halter tauber Welpen und erwachsener Hunde mit Hilfe von Handsignalen und Körperhaltungen effektiv kommunizieren können, so dass sie verstehen, was wir von ihnen wollen – und wofür sie die begehrte Belohnung

bekommen. Barry erklärte mir, welche Signale für welche Hunde am besten funktionieren, wie wir uns selbst in eine stille Welt hineinversetzen können und mit einem tauben Hund eine ebenso gute Beziehung aufbauen können wie mit einem Hund, der über ein normales Gehör verfügt. Vielleicht werden Sie sogar eine noch bessere Beziehung zu Ihrem Hund haben als gewöhnlich, einfach weil Sie sich noch tiefer auf ihn einlassen müssen, um mit Geduld, Verständnis und Fachwissen zum Ziel zu kommen.

Übrigens ist Barry Mitglied der angesehenen Coape Association of Pet Behaviourists and Trainers [COAPE: Verband der Haustierverhaltensforscher und -trainer] geworden und hat seine große Kompetenz im Training und in der Behandlung von Verhaltensproblemen sowohl von normal hörenden als auch von tauben Hunden unter Beweis gestellt.

Das große Vergnügen, Clarissa v. Reinhardts Bekanntschaft zu machen, hatte ich 1995, ein Jahr, bevor ich Barry kennen lernte, im schönen Städtchen Bad Münstereifel in Deutschland. Dort veranstaltete ich ein Seminar mit meinen damaligen COAPE-Kollegen, dem inspirierenden, mittlerweile leider verstorbenen, prophetischen John Fisher und dem renommierten Tierarzt Robin Walker. Clarissa und ich haben uns im Laufe der Jahre auf vielen anderen Seminaren und Veranstaltungen an den unterschiedlichsten Orten wiedergetroffen. Aufgrund ihres hervorragenden Englisch, ihres grenzenlosen Enthusiasmus, ihrer selbstlosen Hilfsbereitschaft und ihrer bewundernswerten Entschlossenheit, das Leben von Hunden zu verbessern, war ich mir schon damals sicher, dass es ihr gelingen würde, ihr Ziel zu verwirklichen, andere Menschen zu der Erkenntnis zu ermutigen, dass jeder Hund eine eigenständige Persönlichkeit mit eigenen Bedürfnissen, Gefühlen, Gedanken und Rechten ist.

1994 hatte Clarissa animal learn gegründet, eine Hundeschule, mit der sie all ihre revolutionären neuen Ideen über Hundetraining sowie die positiven praktischen und theoretischen Erkenntnisse, die sie auf all diesen Seminaren erworben hatte, in die Praxis umsetzen wollte. Clarissa spielte in Deutschland eine führende Rolle bei der Einführung gewaltloser Trainingsmethoden für Hunde, und mit animal learn machte sie sich daran, den ganzen altmodischen „traditionellen“ und überholten „Korrektur“-Methoden, wie Leinenruck mit Würgehalsbändern, An-

schreien, Schikanieren oder der Versuch, Hunde körperlich und psychisch zu dominieren, den Kampf anzusagen. In ihrer schnell wachsenden Schule hat sie wieder und wieder bewiesen, wie effektiv die Verwendung positiver Methoden und Motivationstechniken ist, und wie viel Spaß Hund und Halter gleichermaßen an dieser Art von Training haben. Zudem hat sie neue Ideen, die sie als mittlerweile zunehmend international anerkannte Rednerin auf dem Gebiet des Hundetrainings sammelte, eifrig übernommen, angewandt und verbessert. 1997 gründete sie bei animal learn ein Ausbildungszentrum für Hundetrainer, in dem die Absolventen in einem Trainerlehrgang über 16 Monate lernen, Hunde unter Berücksichtigung ihrer Art- und Rassezugehörigkeit, Prägung und bisherigen Entwicklung gewaltfrei und motivierend auszubilden. Dabei gibt sie die von ihr entwickelten Trainingsprogramme weiter und hilft so, dass diese zum Wohl vieler Hunde verbreitet werden. Heute ist das Ausbildungszentrum eine der größten derartigen Einrichtungen in den deutschsprachigen Ländern (Deutschland, Österreich, Schweiz).

Damit nicht genug, wusste Clarissa schon damals, dass sie ihre Botschaft auch noch auf anderem Weg als durch ihren fantastischen Ruf als Hundetrainerin, Trainerausbilderin, Autorin und Rednerin verbreiten musste, und so dehnte animal learn seinen Wirkungskreis noch weiter aus. Zuerst wurden Seminare mit renommierten Gastrednern aus aller Welt ins Leben gerufen. Dann wurde ein Verlag gegründet, der allen Hundehaltern und Kollegen den Zugang zu deutschsprachigen Informationen über die Pflege, das Training und das Verhalten von Hunden auf dem neuesten Wissensstand ermöglicht, um die Standards bei der Haltung von Hunden und ihr Wohlergehen im Allgemeinen zu verbessern. Mittlerweile hat der animal learn Verlag über 50 Titel veröffentlicht, darunter viele Übersetzungen von renommierten Fachautoren wie James O'Heare, Marc Bekoff, Anders Hallgren und dem legendären Team, Professor Ray und Lorna Coppinger, die zu einer solch enormen beruflichen Inspiration und zu großartigen Freunden für uns alle geworden sind, die wir uns mit „Kynologie" oder, wie ich es lieber bezeichne, dieser „Hundeverhaltenssache" beschäftigen.

Clarissas persönliches Interesse am Training und an der Haltung tauber Hunde entwickelte sich vor vielen Jahren, als sie mit einem Hovawart-Mischling namens „Dino" zusammenlebte, der bereits 12 Jahre alt war,

als er zu ihr kam. Später hat sie zwei weitere taube Hunde gehalten und war zutiefst unzufrieden mit den damals verfügbaren Büchern und Methoden, die Trainingsanleitungen für taube Hunde beschrieben. Da ich Clarissa kenne, war es keine Überraschung für mich, dass sie die Herausforderung annahm und sich unverzüglich an die Lösung des Problems machte. Sie arbeitete mit tauben Hunden, probierte aus, welche Übungen zu welchen Ergebnissen führten und entwickelte so schließlich ihre eigene Methode, mit der sie seitdem mehr als 30 taube Hunde überaus erfolgreich trainiert hat.

Und so ist es auch nicht überraschend, dass Clarissa auf ihren häufigen Reisen als Rednerin und unermüdliche Studentin von Hundeverhalten und -training letzten Endes Barry Eaton begegnet ist, und dass die beiden so erfolgreich dabei zusammenarbeiten, ihr kombiniertes Wissen und ihre umfangreiche Erfahrung in diesem Buch zusammenzuführen. Dieses Buch ist ohne Zweifel DIE Bibel für jeden, der entweder seinen eigenen tauben Hund erziehen möchte oder der als Trainer gebeten wird, den tauben oder hörgeschädigten Hund eines Kunden zu trainieren. Aber in Wirklichkeit ist es so viel mehr als das. Ich wünsche mir für dieses Buch nicht nur, dass es sich als das Standardwerk für das Training mit tauben oder schwerhörigen Hunden erweist, denn dies wird sicher ohnehin geschehen. Was ich mir erhoffe, ist, dass jeder Trainer der Welt dieses Buch liest und die Techniken und Erkenntnisse anwendet, die von Barry Eaton und Clarissa v. Reinhardt so sorgfältig durchdacht wurden und so hervorragend praktiziert werden. Das kann die Beziehung, die jeder Mensch zu seinem Hund haben kann, nur verbessern. Egal, ob dieser Hund hören kann oder nicht.

Dr. Peter Neville
Klinischer Professor, Abteilung für Veterinärmedizin,
Universität Miyazaki, Japan; Außerordentlicher Professor, Abteilung
für Tierwissenschaften, The Ohio State University, USA

Centre of Applied Pet Ethology
Po Box 6, Fortrose, Ross-shire, IV10 8WB, Scottland
www.pneville.com, www.coape.org, www.capbt.org

Einleitung der Autoren

Meine Frau und ich kauften Lady 1988 und lebten mit ihr, bis sie 2002 an Krebs starb. In diesen 14 Jahren war sie ausgesprochen freundlich und verspielt, liebte Kinder über alles und hatte auch eine innige, liebevolle Beziehung zu unseren anderen beiden Hunden. Wir genossen lange Spaziergänge, bei denen sie rannte und spielte, auf meinen Wunsch zurückkam und ruhig an der Leine lief. Als sie etwa zwei Jahre alt war, wurde sie von zehn Irish Settern eingekreist und angesprungen, so wie Setter es oftmals tun. Obwohl sie nur spielen wollten, fürchtete sich Lady sehr und diese Erfahrung war so Angst einflößend für Lady, dass sie ihre Spuren hinterließ. Sie mochte es fortan nicht, wenn ihr fremde Hunde zu nahe kamen. Abgesehen davon war sie freundlich, lebhaft, ebenso folgsam wie die meisten Hunde, die wir auf unseren Spaziergängen trafen, und gehorsamer als so einige andere, denen wir ebenfalls begegneten. Ein ziemlich durchschnittlicher Familienhund denken Sie jetzt wahrscheinlich – abgesehen davon, dass Lady taub zur Welt kam.

Trotz ihrer Behinderung gab es wenig, wozu Lady als Familienhund nicht in der Lage war und was hörende Hunde tun können. O.k., sie merkte nicht ganz so schnell, wenn Besuch kam, weil sie die Türklingel nicht hörte, und sie bekam die Fütterungen als letzte mit, weil sie das Klimpern der Schüsseln und das Rascheln der Futtersäcke nicht mitbekam. Aber abgesehen davon reagierte und benahm sie sich wie jeder andere Hund und genoss ihr Leben in vollen Zügen.

Leider gibt es noch immer viele Menschen, die glauben, ein tauber Welpe sollte routinemäßig eingeschläfert werden. Unabhängig von der Frage, ob wir das moralische Recht dazu haben, gibt es erfreulicherweise auch viele Menschen, die bereit sind, einem taub geborenen Hund ein normales Leben zu ermöglichen. Diese Menschen und ihre Hunde brauchen Unterstützung. Mit Sorgfalt, Geduld und der richtigen Ausbildung

kann ein gehörloser Hund ein erfülltes Leben führen, zu einem gehorsamen Mitglied unserer Gesellschaft mit guten Manieren heranwachsen und eine wahre Freude und Bereicherung für seine Umwelt sein. Schließlich ist die Taubheit eines Hundes ein größeres Problem für die Halter als für den Hund selbst.

Ich möchte nicht den Eindruck vermitteln, dass die Erziehung eines tauben Welpen genauso einfach sei wie die Erziehung eines hörenden – wenn man die Erziehung eines Welpen überhaupt als einfach bezeichnen kann, denn das ist sie offensichtlich nicht. Als Halter eines tauben Welpen müssen Sie zum Beispiel sehr viel geduldiger, einfallsreicher und beharrlicher sein. Wenn Sie bereits einen anderen, hörenden Hund haben, hilft das natürlich, da der taube Welpe sich bei diesem Verhaltensweisen abschauen kann. Schlechte Angewohnheiten übrigens ebenso wie gute. Das bedeutet aber nicht, dass der hörende Hund den tauben Welpen erzieht und Ihnen die Arbeit abnimmt. So funktioniert das nicht. Der Hauptteil der Erziehung liegt bei Ihnen; zwischen Ihnen und dem tauben Welpen muss eine starke Bindung entstehen.

Ich hoffe, dieses Buch ermutigt und unterstützt Sie, wenn Sie wissentlich oder unwissentlich einen tauben Hund erworben haben. Wo soll man anfangen? Wie übt man Rückrufkommandos ein, damit er auch ohne Leine laufen kann? Wie kommuniziert man mit ihm? Es gibt unzählige Fragen – ich habe versucht, zumindest die meisten zu beantworten. Die Erziehungsratschläge basieren auf meiner Erfahrung mit Lady, auf der Ausbildung anderer gehörloser Hunde und auf der Beratung von Haltern tauber Hunde.

Die Haupteigenschaft, die Sie als Halter eines tauben Hundes brauchen, ist Geduld, denn keine der Übungen wird über Nacht erlernt. So schwierig die Aufgabe anfänglich auch erscheinen mag, Zeit und Einfallsreichtum führen schließlich zum Erfolg.

Viel Spaß und viel Glück wünscht Barry Eaton

Einleitung der Autoren

Vor vielen Jahren tauchte in meinem Garten ein großer, stattlicher Hund auf, der offensichtlich meine Gesellschaft und die meiner Hündin Elsa suchte. Er blieb eine kleine Weile und verschwand dann wieder. Am nächsten Tag tauchte er wieder auf und blieb etwas länger und schließlich besuchte er uns über einen Zeitraum von etwa zwei Wochen täglich, erkundete den Garten und die Wohnung, leistete uns Gesellschaft und blieb jeden Tag etwas länger – bis er sich schließlich entschied, ganz bei uns zu bleiben. Ich fragte im Dorf herum, wohin der Hund gehörte, den niemand zu vermissen schien, und fand heraus, dass er von seinem Besitzer im Alter von zwölf Jahren einfach vor ein paar Wochen in einem Gasthaus zurückgelassen worden war. Der Mann verschwand und kam nie wieder. Einfach so. Der sensible Rüde erlitt einen Schock, der einen Hörsturz nach sich zog, von dem er sich nie wieder erholte; innerhalb weniger Stunden war er absolut taub. Als er auf seinen Streifzügen durch das Dorf dann Elsa und mich entdeckte und sich nach einiger Zeit des Prüfens dafür entschied, bei uns zu bleiben, fiel mir das zunächst gar nicht auf. Erst langsam und allmählich merkte ich, dass er zum Beispiel nicht

reagierte, wenn ich ihn rief, während ich hinter ihm stand – aber sofort kam, wenn er mich beim Rufen sehen konnte und so die von mir verwendeten Handzeichen wahrnahm. Dino, so hieß er, lebte zwei Jahre mit uns zusammen und hat mir viel beigebracht – unter anderem, dass die Taubheit für ihn offensichtlich kein Problem war. Außerdem brachte er mich dazu, mich intensiv mit der Ausbildung von und dem Zusammenleben mit gehörlosen Hunden zu beschäftigen, wofür ich ihm immer dankbar sein werde.

Ich habe seitdem eine ganze Reihe von Hunden ausgebildet, die schwerhörig oder taub sind, und dabei viele Erfahrungen sammeln können. Nachdem Dino gestorben war, lebte ich noch weitere zwei Male mit tauben Hunden zusammen. Den dabei gewonnenen Erfahrungsschatz möchte ich in diesem Buch mit Ihnen teilen. Falls Sie bereits einen tauben Hund haben, können Ihnen die in diesem Buch zusammengetragenen Informationen hoffentlich auf dem gemeinsamen Weg helfen. Falls Sie noch überlegen, ob Sie einem gehörlosen Hund durch Adoption eine Chance geben sollen, dann hoffe ich, dass Sie nach der Lektüre diese Frage nach einem gemeinsamen Lebensweg mit einem fröhlichen und klaren „Ja, ich will!“ ☺ beantworten.

Clarissa v. Reinhardt

Anatomie und Pathologie des Ohres

Der Aufbau des Ohres

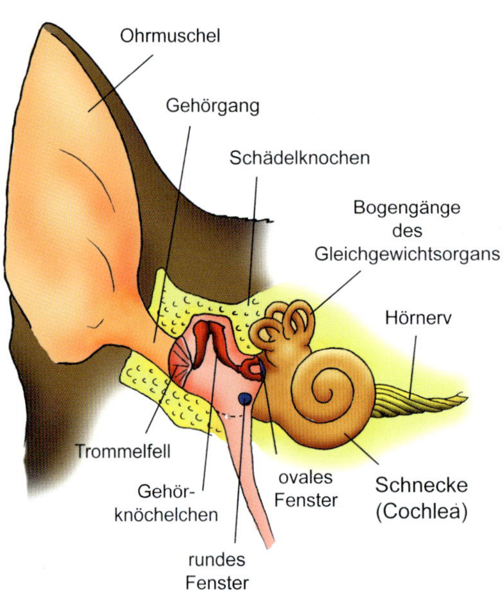

Das Ohr eines Hundes besteht aus Außen-, Mittel- und Innenohr. Die Ohrmuschel und der äußere Gehörgang bilden das Außenohr, das Trommelfell bildet die Grenze zum Mittelohr, das ein mit Luft gefüllter Hohlraum ist, der auch Paukenhöhle genannt wird, in dem sich verschiedene Gehörknöchelchen befinden, die als Hammer, Amboss, Linsenbein und Steigbügel bezeichnet werden. Der Hammer ist direkt mit dem Trommelfell verbunden, während der Steigbügel die direkte Verbindung zum Innenohr herstellt. Durch diese zwei Öffnungen – die obere ovale und die darunter liegende runde – steht das Mittelohr in Kontakt zum Innenohr. Im Innenohr befindet sich das Gleichgewichtsorgan und die so genannte Schnecke (Cochlea), das eigentliche Hörorgan.

Die Schnecke ist von entscheidender Bedeutung für das Hörvermögen des Hundes. Sie besteht aus einem ca. 30 Millimeter langen Gang, der dreimal gewunden ist (wie eine Schnecke, daher der Name) und in dessen Inneren drei übereinander liegende, mit Flüssigkeit gefüllte Schläuche liegen. In diesen Schläuchen werden die Schallwellen trans-

portiert. Der obere und untere Schlauch (die Perilymphschläuche) enthalten jeweils eine natriumreiche Flüssigkeit. Der mittlere Schlauch (der Endolymphschlauch) enthält eine kaliumreiche Flüssigkeit und die Hörsinneszellen, von denen es ca. 20.000 pro Ohr gibt. Diese Sinneszellen sind mit vielen Härchen (Zilien) ausgekleidet, weshalb sie auch Haarzellen genannt werden. Diese Haarzellen sind die Rezeptoren des Gehörsinns.

Wie funktioniert nun das Hören?

Vereinfacht dargestellt lässt sich der Hörvorgang so beschreiben: Der wahrgenommene Ton/ Schall wird vom äußeren Ohr über das mittlere zum inneren Ohr übertragen. Diese Übertragung ist möglich durch Schwingungen, die vom Trommelfell über die Gehörknöchelchen geleitet werden. Diese Schwingungen versetzen die Flüssigkeit im Innenohr in wellenartige Bewegungen, wodurch die drei Schläuche in der Cochlea zu schwingen beginnen und hierdurch die neuralen Haarzellen im Endolymphschlauch angesprochen werden. Durch verschiedene Flüssigkeitsströmungen in der Schnecke geraten die Zilien ebenfalls in Bewegung und diese Bewegung veranlasst die Haarzellen dazu, die mechanische Energie der Schallwellen in elektrische Energie umzuwandeln. Die Schallwellen werden also in Impulse umgewandelt, die der Gehörnerv schließlich zum entsprechenden Sinneszentrum im Gehirn weiterleitet.

Die Gehörgänge öffnen sich beim Welpen übrigens erst mit 12 – 13 Tagen, vorher ist er noch taub, allerdings nicht im pathologischen Sinne. Im Alter von ca. fünf Wochen kann der Hund umfassend hören und seine Ohrmuskeln so einsetzen, dass die Schallwellen optimal aufgefangen werden können. Aber erst mit drei Monaten ist die Entwicklung dieser Systemfunktion vollkommen abgeschlossen. Ein Test zur Abklärung von Taubheit ist also erst frühestens im Alter von fünf Wochen sinnvoll.

Angeborene und später erworbene Taubheit

Zunächst muss zwischen angeborener und später erworbener Taubheit unterschieden werden. Zusätzlich besteht ein erheblicher Unterschied in der einseitigen und beidseitigen Taubheit. Die einseitige Taubheit kommt weitaus häufiger vor, schränkt den Hund aber deutlich weniger ein, denn er kann grundsätzlich hören und ist lediglich beim Orten von Geräuschen und dem räumlichen Hören benachteiligt. Die beidseitige Taubheit hat weitreichendere Konsequenzen, weshalb wir uns mit ihr im Detail beschäftigen.

Später erworbene Taubheit

Kommt ein Hund gesund zur Welt und wird erst später taub, kann es hierfür verschiedene Ursachen geben. Schauen wir uns einige von ihnen genauer an:

Die Überproduktion von Ohrenschmalz kann sich negativ auswirken. Ohrenschmalz hat eine wichtige Aufgabe, es hält das Trommelfell geschmeidig und beweglich. Wird jedoch zu viel davon produziert, kann das dazu führen, dass das Trommelfell unbeweglich wird, weil das Schmalz schwer auf ihm lagert. Somit ist das Trommelfell nicht so beweglich und kann den Schall nicht optimal weiterleiten, weshalb der Hund schlechter hört.

Eine Trommelfellentzündung oder -perforierung beeinträchtigt ebenfalls die Hörfähigkeit. Bakterien, Viren oder Pilze können durch die Löcher im Trommelfell in das Mittel- und Innenohr eindringen und dort großen Schaden anrichten. Eine solche Entzündung kann zum vollständigen Verlust des Hörvermögens führen, weshalb man Entzündungen im Bereich des Ohres immer ernst nehmen und einen Tierarzt aufsuchen sollte.

Wenn das Innenohr entzündet ist, ist meistens auch das Gleichgewichtsorgan (der Vestibularapparat) des Hundes betroffen. Es befindet sich im Innenohr, in unmittelbarer Nähe zur Schnecke. Die Bakterien oder Viren

greifen nicht nur die Schnecke, sondern auch das Gleichgewichtsorgan an und schwächen es, was zu Taumelbewegungen, Straucheln bis hin zum Umfallen des kranken Hundes führen kann.

Wenn die Schleimhäute, die die Paukenhöhle auskleiden und die Gehörknöchelchen überziehen, entzündet sind, spricht man von einer Mittelohrentzündung. Sie hat zur Folge, dass sich die Gehörknöchelchen nicht mehr uneingeschränkt bewegen können, so dass der Schall nicht optimal weitergeleitet wird, weshalb der Hund in Folge schlechter hört. Wird diese Entzündung nicht vollständig auskuriert, kann es zum Hörverlust kommen.

Ebenfalls zur Taubheit kann es durch Schallleitungsstörungen durch Erkrankungen des Mittelohrs und Schallempfindungsstörungen nach Erkrankungen des Innenohres kommen. Ursachen dafür können das Übergreifen einer Meningoenzephalitis (infektiöse Entzündung der Hirn- oder Rückenmarkshäute) auf die Hörnerven, Vergiftungen (zum Beispiel durch Antibiotika, Chinin, Blei oder Kohlenmonoxid), direkte Schädigungen im Gehörgang oder Schädelfrakturen oder andere heftige Stoß-, Schlag- oder Schalleinwirkungen sein.

Auch Fremdkörper, die in das Ohr eingedrungen sind (zum Beispiel Grannen), können erheblichen Schaden im Mittel- und Innenohr anrichten, wenn sie nicht frühzeitig und vor allem fachmännisch entfernt werden. Bitte versuchen Sie deshalb keinesfalls selbst mit einer Pinzette oder Ähnlichem im Ohr herumzufischen – manch ein Hundehalter hat seinem Tier dabei schon das Trommelfell zerstochen!

Altersbedingte Taubheit

In gewisser Weise nimmt der altersbedingte Hörverlust eine Sonderstellung unter den Erkrankungen ein, da es sich eher um eine Verschleißerscheinung als um eine Erkrankung handelt. Oftmals führt sie auch nicht zur vollkommenen Taubheit, sondern nur zu einer Schwerhörigkeit – die allerdings stark ausgeprägt sein kann.

Man geht davon aus, dass das Hörvermögen eines Hundes etwa ab der Lebensmitte anfängt nachzulassen, wobei sich die Verschlechterung der Hörfähigkeit zuerst nur auf die sehr hohen Töne bezieht. Erst später kann er auch die tieferen Töne nicht mehr so gut wahrnehmen. Um in diesem Stadium noch gut zu hören, müssen die Geräusche immer lauter werden. Beim Spaziergang oder Rufen auf Entfernung in Haus und Garten fällt auf, dass der Hund nicht mehr wie gewohnt reagiert oder uns erstaunt anschaut, wenn wir schließlich lauter und energischer werden. Sein Blick scheint zu sagen: „Huch, was ist denn? Ich habe Dich vorher gar nicht gehört..."

Der Vorteil dieses schleichenden Prozesses ist, dass sich Hund und Halter langsam und allmählich an diesen Zustand gewöhnen und auf ihn einstellen können. Oftmals setzen die Tiere ihre anderen Sinnesorgane, insbesondere die Nase, gezielter ein, um das Manko im Bereich des Ohres auszugleichen.

Angeborene Taubheit

Bei der angeborenen Taubheit unterscheidet man zwischen der angeborenen vererbten und der angeborenen erworbenen Taubheit. Die Ursache für die angeborene vererbte Taubheit liegt in den Genen, angeborene erworbene Taubheit wird zum Beispiel durch eine Entzündung hervorgerufen, allerdings in einem sehr frühen Stadium, nämlich noch vor oder kurz nach der Geburt (deshalb spricht man auch hier von angeborener Taubheit).

Bei der angeborenen Taubheit lassen sich folgende Typen unterscheiden:

- die vererbte sensoneurale Taubheit
- die vererbte conduktive Taubheit
- die erworbene conduktive Taubheit
- die erworbene sensoneurale Taubheit

Die am häufigsten vorkommende ist die angeborene vererbte sensoneurale Taubheit. Schauen wir uns aber alle Taubheitsformen detaillierter an:

Conduktions-Taubheit

Der Begriff Conduktions-Taubheit lässt sich gut mit der Übersetzung des Wortes Conduktion erklären, das so viel wie Leitung, Übertragung bedeutet. Diese Art der Taubheit beruht auf einer Störung der Schallübertragung zur Schnecke. Diese Übertragung ist unterbrochen, der Ohrkanal oder die Mittelohrhöhle sind entweder durch zu viel Ohrenschmalz, durch eine Entzündung im Ohr oder durch Fremdkörper verschlossen, weshalb der Schall nicht bis zum Innenohr kommt und somit auch nicht weiter verarbeitet werden kann. Auch Entwicklungsstörungen können diese Form der Taubheit hervorrufen, zum Beispiel durch eine fehlende Öffnung zur Paukenhöhle oder zu den Gehörknöchelchen oder eine Form der Knorpelschwäche, die den Gehörgang kollabieren lässt.

Die Conduktions-Taubheit ist nicht immer vollständig, der Hund kann also eventuell noch etwas hören und in einigen Fällen kann man diese Art der Taubheit sogar durch einen medizinischen Eingriff beheben.

Sensoneurale Taubheit

Die sensoneurale Taubheit liegt darin begründet, dass die Haarzellen in der Schnecke nicht vorhanden sind. Das hat zur Folge, dass der eingehende Reiz nicht weiterverarbeitet werden kann.

Man unterscheidet zwischen erworbener und vererbter sensoneuraler Taubheit. Bei der seltenen Form der erworbenen sensoneuralen Taubheit wurde das Gehör des Hundes während der Embryonalzeit beschädigt, zum Beispiel durch Medikamente, die dem Muttertier verabreicht wurden oder durch eine Ohrenentzündung des Fötus im Mutterleib. Sauerstoffmangel oder ein Trauma können diese Form der Erkrankung ebenfalls auslösen.

Die vererbte sensoneurale Taubheit ist auf einen genetischen Defekt zurückzuführen. Diese Form ist weit häufiger als die erworbene sensoneurale Taubheit.

Wie kommt es aber zum Verlust der Haarzellen in der Cochlea? Die Ursachen der sensoneuralen Taubheit sind noch nicht völlig erforscht. Es besteht jedoch ein enger Zusammenhang mit dem Auftreten des Merle-Gens, auch Scheckungs-Gen genannt.

Dieses Gen ist dafür verantwortlich, dass das Fell des Hundes sehr viele Weiß-Pigmente aufweist. Es tritt unter anderem bei folgenden Rassen auf:

- Dalmatiner
- Dogo Argentino
- Bullterrier
- Jack Russell Terrier

Bei anderen Rassen verursacht dieses Gen ein geschecktes Haarkleid, zum Beispiel beim

- Australian Cattle Dog
- Australian Shepherd
- Collie

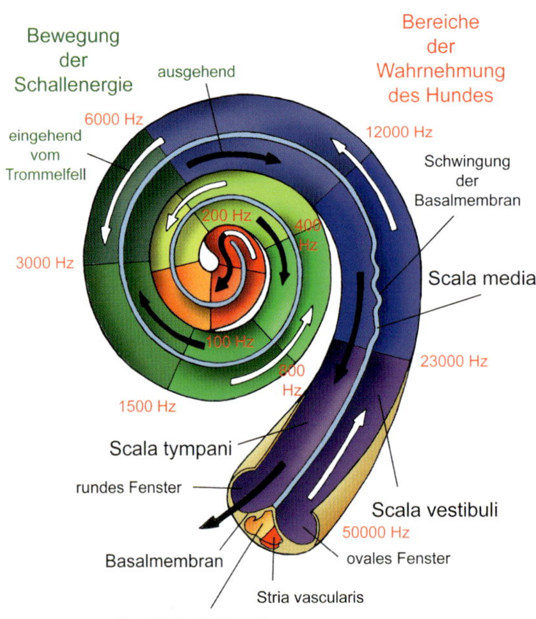

Bei Hunden, die an derselben Krankheit leiden, bei denen sie aber nicht in Verbindung mit weißer Pigmentierung auftritt, resultiert die Taubheit aus dem Verlust der Haarzellen durch ein noch nicht erforschtes Ereignis.

Um zu verstehen, wie es durch das Merle-Gen (Scheckungs-Gen) zum Haarzellenverlust kommt, muss man die Cochlea und ihre Struktur näher betrachten.

Wie schon beschrieben, besteht die Cochlea aus drei parallelen Schläuchen:

- dem Perilymphschlauch (scala vestibuli)
- dem Endolymphschlauch (scala media)
- und dem Perilymphschlauch (scala tympani), der an der Spitze der Cochlea wieder auf die Scala vestibuli trifft.

Am äußeren Rand des Schneckengangs befindet sich die Stria vascularis (Stria = Streifen/ Schicht); vascular = zu den Blutgefäßen gehörend). Die Stria ist für die Absonderung eines Fluids im Schneckeninneren und für die Produktion von K^+-Ionen, also für die kaliumreiche Flüssigkeit im Endolymphschlauch zuständig. Eine hohe Kaliumkonzentration ist notwendig, damit die Haarzellen funktionstüchtig sind und bleiben. Ohne sie kann die Schallübermittlung und -weiterleitung nicht erfolgreich verlaufen.

Bei pigmentbedingter, erblicher Taubheit degeneriert die Stria vascularis. Der hohe Kaliumspiegel im Endolymphschlauch fällt ab bzw. entsteht erst gar nicht und dies wiederum bedingt den Haarzellenverlust und somit die Taubheit. Da Säugetiere Nervengewebe im Gehörgang nicht regenerieren können, ist diese Taubheit irreversibel.

Der genaue Grund dafür, dass die Stria vascularis degeneriert, ist noch unbekannt. Man vermutet, dass es mit fehlenden Melanozyten (= Pigmentzellen) zusammenhängt. Diese Pigmentzellen werden durch das Scheckungs-Gen erst gar nicht entwickelt oder ihre Entwicklung wird stark gestört. Diese Entwicklungsunterdrückung oder -störung vollzieht sich in den ersten Wochen nach der Geburt.

Die genaue Aufgabe der Melanozyten in der Stria ist noch unklar, aber sie scheinen unter anderem für den K^+-Gehalt im Schneckengang und für das Überleben der Stria vascularis von entscheidender Bedeutung zu sein. Wenn das Scheckungs-Gen also die Melanozyten zerstört, dann ist das Überleben der Stria und somit das der Haarzellen unmöglich.

Der Dalmatiner ist am häufigsten von vererbter sensoneuraler Taubheit betroffen. Durch das Scheckungs-Gen wird sein eigentlich schwarzes oder braunes Fell mit hellen Haaren gemustert. Die dunklen Tupfer rühren von einem anderen, dem Ticking Gen, her, das für den Erbgang aber keine Rolle spielt. Man hat festgestellt, dass eine Taubheit um so wahrscheinlicher ist, je mehr Weiß im Fell ist. Es gibt zum Beispiel Dalmatiner mit so genannten Platten im Fell, was bedeutet, dass die dunklen Tupfen nicht aus kleinen Sprenglern, sondern aus größeren Platten bestehen. Diese Hunde haben bessere Chancen, nicht an Taubheit zu erkranken, denn das Auftreten der Platten signalisiert, dass das Scheckungs-Gen schwächer ausgeprägt ist. Leider sind aber ausgerechnet diese Tiere in der Zucht nicht erwünscht, obwohl sie in der Regel die gesünderen Tiere sind!

Die Taubheit wird jedoch nicht nur von einem Gen bestimmt: Die Vererbung der sensoneuralen Taubheit in Verbindung mit dem Scheckungs-Gen ist polygenetisch, was bedeutet, dass nicht nur ein Gen für die Ausprägung verantwortlich ist. Die Polygenetik macht es auch so kompliziert, den genauen Hergang der Vererbung herauszufinden und somit zu verhindern.

Darüber hinaus tritt Taubheit häufig bei weißen Hunden mit blauen Augen auf. Die blaue Augenfarbe entsteht ebenfalls durch das Scheckungs-Gen, das das braune Pigment in der Iris unterdrückt. Laut Statistiken sind zum Beispiel Dalmatiner mit blauen Augen signifikant häufiger taub als solche mit braunen.

Rassen, bei denen Taubheit vermehrt registriert wurde

Grundsätzlich kann Taubheit bei jeder Rasse und auch jedem Mischling vorkommen, doch einige Rassen (und deren Kreuzungen) sind anfälliger dafür als andere. Hierzu gehören insbesondere:

Australian Cattle Dog

Australian Shepherd

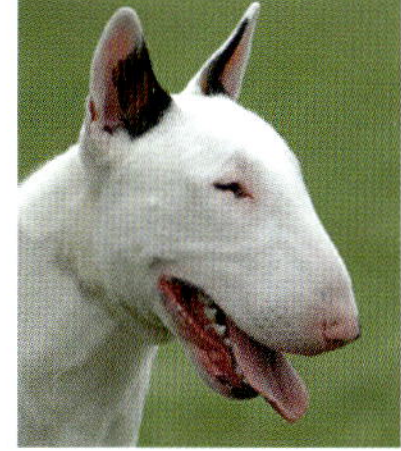
Bullterrier

Catahoula Leopard Dog

Dalmatiner

Englischer Setter

Englischer Cocker Spaniel, insbesondere der mehrfarbige

Abgesehen von den oben genannten Rassen gibt es viele weitere, bei denen Taubheit vermehrt beobachtet wurde. Zu ihnen zählen:

Akita Inu

Barsoi

Border Collie

Boxer

- Akita Inu
- American Eskimo
- Amerikanische Bulldogge
- American Staffordshire Terrier
- Amerikanisch Kanadischer Schäferhund
- Anatolischer Schäferhund
- Barsoi
- Beagle
- Bernhardiner
- Bichon frisé
- Border Collie
- Boston Terrier
- Boxer
- Bulldogge

Chihuahua

Collie, tigerfarben

Deutsche Dogge

Fox Terrier

Greyhound

Kuvasz

Papillon

Pit Bull Terrier

- Cardigan Welsh Corgi
- Cavalier King Charles Spaniel
- Chihuahua
- Chinese Crested Dog
- Chow Chow
- Cocker Spaniel
- Collie, insbesondere bei tigerfarbenen
- Cotton de Tulear
- Dachshund
- Deutsche Dogge
- Deutscher Pointer
- Deutscher Schäferhund
- Dobermann Pinscher
- Dogo Argentino
- Englische Bulldogge
- Epagneul Breton
- Fox Terrier
- Foxhound
- Französische Bulldogge
- Greyhound
- Havaneser
- Italienischer Greyhound
- Jack Russell Terrier
- Kuvasz
- Labrador Retriever
- Landseer
- Löwchen
- Malteser
- Norfolk Terrier
- Nova Scotia Duck Tolling Retriever
- Papillon
- Pit Bull Terrier

Pointer

Rottweiler

Samojede

Shih Tzu

Springer Spaniel

Tibet Terrier

West Highland White Terrier

Zwergpudel

- Podenco Ibicenco
- Pointer
- Puli
- Rat Terrier
- Rhodesian Ridgeback
- Rottweiler
- Samojede
- Schnauzer
- Scottish Terrier
- Sealyham Terrier
- Shetland Sheepdog
- Shih Tzu
- Siberian Husky
- Soft Coated Wheaten Terrier
- Springer Spaniel
- Sussex Spaniel
- Tibet Spaniel
- Tibet Terrier
- Toy Fox Terrier
- Toy Pudel
- Walker American Foxhound
- West Highland White Terrier
- Whippet
- Yorkshire Terrier
- Zwergpinscher
- Zwergpudel

Diagnose

Wenn Sie den Verdacht haben, Ihr Hund könnte taub sein, sollten Sie einen versierten Tierarzt aufsuchen, der Ihnen mit einer eingehenden Diagnose hilft, diesen Verdacht entweder zu bestätigen oder auszuräumen. Die Diagnosemöglichkeiten für Taubheit haben sich stark verbessert. Früher stand der Tierarzt hinter dem Hund, klatschte in die Hände und bestimmte anhand der Reaktion – oder eben ausbleibenden Reaktion – des Hundes, ob er taub war.

Hinweise auf eine eventuelle Taubheit:

- *Der Hund reagiert nicht auf Ansprache oder Zuruf.*
- *Er verpasst seine Essenszeiten, reagiert nicht auf das Klappern des Futternapfes oder die Geräusche der Futterzubereitung.*
- *Der Hund erschrickt, wenn sich jemand von hinten oder der Seite nähert.*
- *Hingegen erschrickt er nicht bei lauten Geräuschen wie Schüssen, Topfgeschepper oder Ähnlichem.*
- *Auf Geräusche im Umfeld wie Gebell, Sirenen, das Klingeln an der Haustür oder das Kreischen von Kindern usw. reagiert der Hund nicht.*

Heutzutage wird wissenschaftlich fundiert mit modernster Computertechnik getestet. Mit Hilfe eines audiometrischen Tests kann festgestellt werden, ob Ihr Hund vollkommen oder teilweise auf einem oder beiden Ohren taub ist. Bei diesem Test wird dem Hund über Kopfhörer oder kleine Ohrhörer ein Ton in unterschiedlichen Lautstärken angeboten. Dadurch wird ein elektrisches Signal erzeugt, das von einem Computer aufgezeichnet und angezeigt wird. Durch diesen Test kann festgestellt werden, ob ein Problem vorliegt, um welches Problem genau es sich handelt, was die mögliche Ursache dafür ist und ob eine Behandlung möglich ist. Bereits ab der fünften Lebenswoche kann ein Hund getestet werden. In jedem Fall sollten erwachsene Hunde von Rassen, die anfällig für Taubheit sind, vor der Verpaarung untersucht werden. Nur

wenige Tierärzte besitzen die für die Tests benötigten Audiometriegeräte. Bitten Sie daher Ihren Tierarzt, Ihnen einen Kollegen mit einem solchen Gerät zu empfehlen, sollte er selbst keines haben. Im Anhang dieses Buches finden Sie eine Übersicht von Tierkliniken und Tierarztpraxen in Deutschland, Österreich und der Schweiz, an die Sie sich wenden können. Im Folgenden lesen Sie, wie der Audiometrietest funktioniert.

Der Audiometrietest (Hörtest)

Die Audiologie ist ein Teilgebiet der Medizin, das sich mit den Funktionen und den Erkrankungen des menschlichen Gehörs beschäftigt. Der Audiometer ist ein Gerät zum Messen der Hörleistung. Die Audiometrie misst elektrische Aktivitäten in der Cochlea und im Gehirn, ähnlich wie bei einem EKG die elektrischen Ströme im Herz gemessen werden.

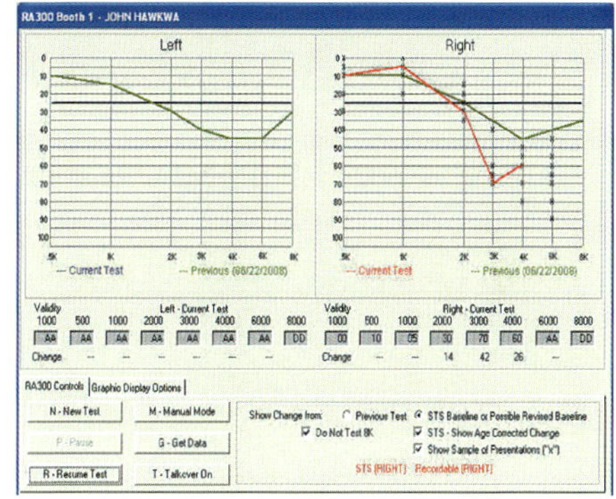

Elektrodiagnostische Untersuchungen des Gehörs sind unter verschiedenen Begriffen bekannt, beruhen aber alle auf dem gleichen Prinzip. Im englisch-sprachigen Raum kennt man den BAER-Test (brain stem auditory evoked response) oder ABR (auditory brain stem response). Im deutsch-sprachigen Raum spricht man von Audiometrie, das dabei erstellte Protokoll wird mit AEP abgekürzt.

Das Verfahren wurde in den 70er Jahren entwickelt und erstmals in der Veterinärforschung eingesetzt. Als klinische Anwendung wird es seit den frühen 80er Jahren eingesetzt.

Die Reaktionen werden auf einem speziellen Computer mittels Nadelelektroden erfasst, die in die Kopfhaut eingeführt werden: Eine vor jedes Ohr, eine an der Kopfoberseite und eine Masse-Elektrode zwischen oder hinter den Augen oder im Nacken. Der Hund verspürt dabei kaum

Während eines Audiometrie-Tests werden über einen Kopfhörer akustische Reize gesetzt.

einen Schmerz, aber viele Hunde werden durch das notwendige Festgehaltenwerden und die vielen Drähte vor ihrem Gesichtsbereich Angst bekommen. Deshalb ist es ratsam, ihn durch eine Narkose ruhig zu stellen und ihm die Aufregung zu ersparen. Das Narkosemittel hat übrigens keinen Einfluss auf das Testergebnis!

Der Test selbst dauert 10 bis 15 Minuten, jedes Ohr wird separat getestet. Während des Tests wird dem Hund ein mit Schaumstoff gepolsterter Kopfhörer aufgesetzt, über den er einen so genannten Stimulus-Klick, einen akustischen Reiz, vorgespielt bekommt, der fast alle hörbaren Frequenzen beinhaltet. Beim hörenden Hund reagiert der Hörnerv auf den akustischen Reiz durch eine elektrische Spannungsänderung (Aktionspotential). Diese läuft am Gehörnerv entlang bis zum Gehirn, wo das Hörempfinden ausgelöst wird. Die Audiometrie misst das entstehende Aktionspotential des Hörnervs, beim tauben Hund ist keine Spannungsänderung messbar.

Der Testbericht enthält verschiedene Kurven, die aus einer Serie von Spitzen bestehen. Die erste Spitze wird dabei von der Cochlea und dem Hörnerv produziert, die folgenden vom Gehirn. Die Ausgabekurve eines tauben Hundes besteht im Wesentlichen aus einer flachen Linie.

Die Audiometrie ist eine von der Frequenz unabhängige Untersuchung, die das Vorhandensein oder das völlige Fehlen des Hörvermögens feststellt. Die Einschätzung des normalen Hörvermögens wird auf der Grundlage der ersten Spitze, die nach kürzester Zeit erscheinen muss, und dem Vorhandensein eines erwarteten Gesamtmusters der Kurve vorgenommen.

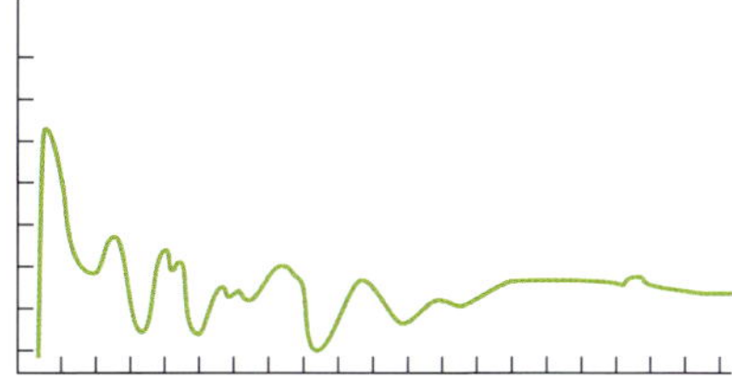

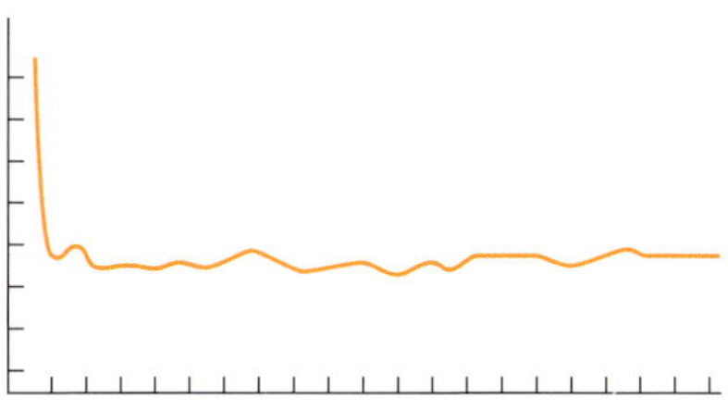

Ausgabekurve eines Audiometrie-Tests.
oben: gesunder Hund;
unten: tauber Hund

Mit zunehmendem Hörverlust reduziert sich der Ausschlag der Spitzen und die Zeit bis zur Reaktion wird länger. Auf diese Weise kann auch ein teilweiser Hörverlust festgestellt werden, allerdings können mit diesem Test nicht Hörverluste für bestimmte Frequenzen festgestellt werden. Auch die Diagnose eines partiellen Hörverlustes ist nicht sehr genau, da eine Reihe von technischen Faktoren den Spitzenausschlag und die Verzögerung beim hörenden Tier beeinflussen kann.

Am sinnvollsten einzusetzen ist der Test ab einem Alter von 40 Tagen. Theoretisch könnte er auch vor diesem Zeitpunkt durchgeführt werden, wenn wegen der noch verschlossenen Gehörgänge der Stimulus laut genug gesetzt würde. Da jedoch eine potentielle Taubheit zu dieser Zeit noch nicht ausgereift ist, macht dies wenig Sinn.

Nach Durchführung des Tests erhält der Hundehalter einen Bericht und ein Schreiben, das die audiometrische Testung bestätigt und ihr Ergebnis beschreibt.

Sollte der Test Ihren Verdacht einer Taubheit bei Ihrem Hund (egal ob Welpe, Junghund oder erwachsener Hund) bestätigen, gibt es einige Punkte zu bedenken, über die wir im nächsten Kapitel informieren.

Das Wichtigste zuerst

Tauschen Sie Erfahrungen aus!

Nehmen Sie Kontakt mit anderen Hundehaltern auf, die bereits mit einem tauben Hund zusammenleben. Erstens werden Sie dann sicher den ein oder anderen guten Tipp aus der Praxis bekommen, zweitens tut das Gespräch mit jemandem, der schon Erfahrung mit der Aufgabenstellung hat, gut. In der Regel hat jemand, der gerade erfahren hat, dass sein Hund taub ist, viele Fragen: Wie soll man auf diese Nachricht reagieren? Was gibt es zu bedenken? Wie lebt man mit einem Hund zusammen, der einen nicht hören kann? Geht das überhaupt? Wie kann man dem Tier helfen?

Durch die mangelnde Erfahrung macht sich schnell das Gefühl der Überforderung breit und genau hier kann das Gespräch mit anderen Hundehaltern gut tun, die die eigenen Sorgen und Ängste verstehen und meist relativieren. Praktisch immer empfinden nämlich Hundehalter, die Erfahrung im Umgang und Zusammenleben mit gehörlosen Hunden haben, die Situation bei weitem nicht so schwierig, wie anfangs befürchtet. Sicher gibt es einiges zu bedenken und zu planen, aber das Problem ist mit etwas Organisationstalent und im besten Falle beratender Hilfe von außen schnell in den Griff zu kriegen! ☺

Informieren Sie den Züchter!

Falls Sie einen Welpen oder Junghund vom Züchter gekauft haben, informieren Sie diesen umgehend und schicken sie ihm am besten auch den Befund des Audiometrietests in Kopie. Das sollten Sie auch tun, falls der Welpe nur einseitig taub oder schwerhörig ist, denn nur so kann ein verantwortungsvoller Züchter veranlassen, dass sich die Elterntiere Ihres Hundes nicht mehr fortpflanzen.

Züchter von Hunderassen, die anfällig für Taubheit sind, sollten ihre Würfe diesbezüglich überprüfen lassen. Leider ist dies noch immer nicht

Jack Russel Terrier sind häufig von Taubheit betroffen.

üblich, denn manchmal stehen so genannte Schönheitsmerkmale und/ oder finanzielle Interessen im Vordergrund.

Der Züchter bietet möglicherweise an, den Welpen zurückzunehmen. Wenn dem so ist, überlegen Sie genau, ob Sie Ihren Hund zurückgeben möchten! Viele Züchter lassen taube Welpen/ Junghunde einschläfern oder verkaufen sie einfach weiter – oftmals wieder ohne die entsprechende Information über die Taubheit. Zusätzlich stellt sich die Frage, ob Sie es über`s Herz bringen, ein Ihnen anvertrautes Lebewesen einfach wieder abzugeben, nur weil es eine Behinderung hat, für die es nichts kann?!

Wenn Sie beschließen, den Hund zu behalten, ist es gerechtfertigt, eine teilweise Erstattung des Kaufpreises zu erwarten. Darüber sollten Sie mit dem Züchter sprechen, auch wenn sie eventuell auf taube Ohren stoßen werden.

Ein Besuch beim Tierarzt

Wenn Sie zu Ihrem Tierarzt gehen, um die üblichen Untersuchungen und Impfungen des Welpen/ Hundes vornehmen zu lassen, informieren Sie ihn darüber, dass Ihr Hund taub ist. Eventuell schlägt er vor, einige Tests durchzuführen, um festzustellen, ob die Taubheit erblich bedingt ist oder ob eine Missbildung oder eine Krankheit im Ohr vorliegt. Während manche Missbildungen und Krankheiten behandelt und sogar geheilt werden können, gibt es meist kein Mittel gegen erbliche oder angeborene Taubheit.

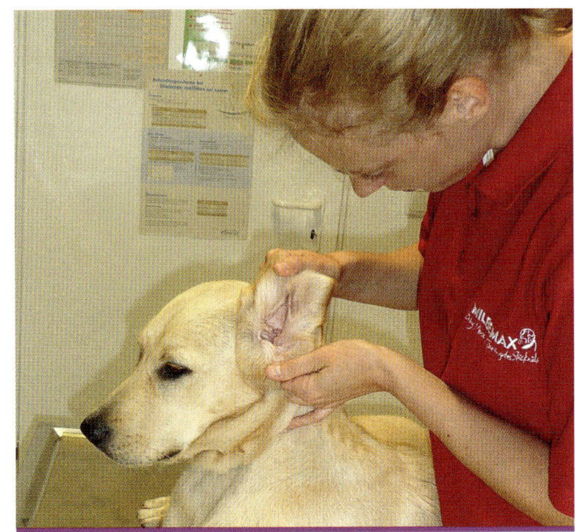

Bei einer sorgfältigen Untersuchung des Ohres kann festgestellt werden, ob der Gehörgang verschmutzt oder entzündet ist.

Sie sollten mit Ihrem Tierarzt auch darüber sprechen, in welchem Alter Ihr Hund kastriert werden kann. Wir wissen, dass es noch immer Leute gibt, die es für „grausam" halten, einen Hund zu kastrieren, oder es beim Rüden „unmännlich" finden, aber es wäre einfach unverantwortlich zu riskieren, dass die Gene, die die Taubheit Ihres Hundes verursachen, weitergegeben werden. Die Alternative zur Kastration wäre extrem gut aufzupassen, dass es nicht zu einer Verpaarung und somit Weitergabe der Gene kommt.

Registrierung und Kennzeichnung

Bitten Sie den Tierarzt, Ihren Hund zu chipen, damit er möglichst schnell zu Ihnen zurück gebracht werden kann, falls er wirklich einmal wegläuft. Das Einsetzen eines Chips ist in den meisten Ländern sowieso Pflicht, darüber hinaus aber äußerst sinnvoll. Die auf dem Chip enthaltenen Daten werden im TASSO Haustierzentralregister gespeichert. Sollte Ihr Hund irgendwo auftauchen, sei es in einem Tierheim, bei der Polizei oder auch bei Privatpersonen, kann mit Hilfe eines Lesegerätes und einem Anruf bei der Haustierzentrale sofort ermittelt werden, wohin er gehört. Das Setzen des Chips ist völlig unkompliziert; er ist so winzig, dass er über eine Spritze unter die Haut Ihres Hundes gesetzt werden kann. Wichtig ist dann aber, sofort die Registrierung vornehmen zu las-

sen. Wird dies nämlich vergessen – was leider immer wieder vorkommt – ist Ihr Hund zwar gechipt, aber nicht registriert, was bedeutet, dass er Ihrer Adresse nicht zugeordnet werden kann. Die Adresse des TASSO Haustierzentralregisters, das Sie gerne über alle wichtigen Details einer Registrierung informiert, finden Sie im Anhang dieses Buches.

Zusätzlich empfehlen wir Ihnen, Ihrem Hund ein Halstuch oder einen Sticker am Brustgeschirr anzulegen, der ihn als taub kennzeichnet. Durch die Kennzeichnung mit dem international bekannten Zeichen für Gehörlose wird für jeden sofort ersichtlich, dass dieser Hund taub ist, und so kann viel besser auf ihn eingegangen werden. Dies gilt übrigens nicht nur für den Fall, dass Ihr Hund allein unterwegs ist, sondern ist immer ein wertvoller Hinweis in der Verständigung.

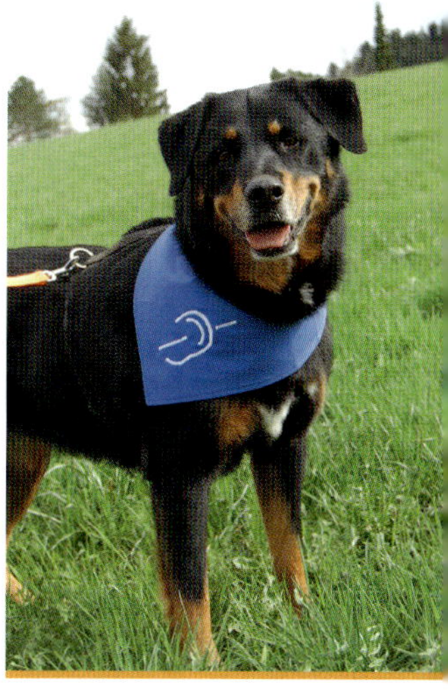

Ein Halstuch zur Taubheitskennzeichnung lässt andere erkennen, dass Ihr Hund nichts hören kann.

Wenn kleine Kinder zur Familie gehören, müssen Sie ihnen erklären, dass der Hund nichts hören kann. Einigen Kindern fällt es schwer, das zu verstehen. Trotzdem müssen Sie darauf achten, dass sie den Hund nicht überraschen und erschrecken, wenn er gerade nicht schaut oder schläft, da er wie jeder andere erschreckte Hund Abwehrreaktionen wie ein Schnappen zeigen könnte.

Lassen Sie sich nicht verunsichern!

Lassen Sie sich auf keinen Fall von Menschen verunsichern, die Ihnen raten, Ihren Hund einschläfern zu lassen, nur weil er taub ist. Und lassen Sie sich auch nicht einreden, dass das gesamte Zusammenleben mit ihm ein einziges Problem sein wird. Beides stimmt nicht und wird in der Regel von Menschen behauptet, die sich noch gar nicht eingehend mit dem Thema beschäftigt haben. Betrachten wir die angeblichen Gründe einmal genauer...

...Gründe, die angeblich dafür sprechen, einen tauben Hund einzuschläfern

Wenn wir Halter tauber Hunde beraten und ihnen helfen, ihre Hunde auszubilden, hören wir immer wieder Argumente, weshalb Menschen glauben, es wäre besser, gehörlose Hunde/ Welpen einzuschläfern.

Hauptsächlich lauten sie wie folgt:

- Der Hund wird eine schlechte Lebensqualität haben.
- Er wird unkontrollierbar und unerziehbar sein.
- Er wird für immer an der Leine laufen müssen.
- Es ist wahrscheinlicher, dass er einen Unfall verursacht, wenn er zum Beispiel auf die Straße läuft, weil ihn der Halter nicht zurückrufen kann.
- Er kann nicht richtig mit anderen Hunden sozialisiert werden, da er zum Beispiel ein warnendes Knurren nicht hören kann.
- Er wird aggressiv und/ oder verhaltensgestört werden.

Nun lassen Sie uns diese Argumente ansehen und ins rechte Licht rücken:

Zuerst der Punkt, dass der Hund eine geringe Lebensqualität haben wird. Weiß der Hund, dass er taub ist? Natürlich nicht. Wenn er bereits taub geboren wurde, kennt er es nicht anders. Ein Hund kann nicht vermissen, was er nie kennen gelernt hat, außerdem kompensieren seine anderen Sinne normalerweise den fehlenden Gehörsinn. Die Lebensqualität eines Hundes hängt von seiner Gesundheit ab und davon, wie er von seinem Besitzer behandelt wird – nicht davon, ob er hören kann.

Nun zum nächsten Punkt. Wenn ein Hund, irgendein Hund, nicht richtig erzogen wird, ist er relativ schlecht, eventuell sogar gar nicht kontrollierbar. Wenn er hingegen gut erzogen wird, ist er es. Die Leute, die behaupten, dass ein tauber Hund unerziehbar sei, sind normalerweise

diejenigen, die keine Erfahrung damit haben, einen auszubilden. Sie können sich einfach nicht vorstellen, wie man einen tauben Hund trainiert. Es ist aber definitiv so, dass er erzogen werden kann, wenn die richtigen Trainingsmethoden eingesetzt werden. Welche das sind, erklären wir ausführlich im entsprechenden Kapitel.

Auch beim dritten Punkt geht es wieder um die Erziehung. Es wird immer wieder behauptet, dass ein tauber Hund sein ganzes Leben an der Leine verbringen müsste. In der Regel wird diese Behauptung aufgestellt, weil man davon ausgeht, dass der Hund nicht abrufbar wäre – aber diese Annahme ist, wie schon oben erwähnt, falsch. Wir werden in den Kapiteln über die Erziehung genau erklären, wie man auch gehörlosen Hunden einen zuverlässigen Gehorsam beibringen kann.

Abgesehen davon wäre es ethisch nicht vertretbar, einen Hund nur deshalb zu töten, weil er nicht zuverlässig abrufbar ist – was im Übrigen für sehr viele Hunde gilt, unter anderem alle diejenigen, die über einen ausgeprägten Jagdtrieb verfügen.

Der vierte Punkt: Es wird viel darüber geredet, dass ein tauber Hund Verkehrsunfälle verursachen könnte, indem er auf die Straße rennt, da ihn der Halter nicht zurückrufen kann. Die Schlussfolgerung wäre dann also, dass der Hund aufhören würde zum Beispiel die Katze zu jagen und auf Abruf brav zu seinem Besitzer zurückkehren würde, wenn er hören könnte, nicht wahr?! Lassen Sie uns nun in die Realität zurückkehren. Wie viele durchschnittliche Hundehalter können ehrlich von sich und ihrem Tier sagen, dass ihr Hund auf Kommando aufhört, ein anderes Tier zu jagen und sofort zu ihnen zurückkehrt, wenn er gerufen wird? Und wie viele können ehrlich behaupten, dass ihr freundlicher Hund nicht über die Straße rennen würde, um einen anderen Hund zu begrüßen oder jemandem auf der anderen Seite „Hallo!" zu sagen? Sicherlich nicht viele.

Abgesehen davon: KEIN Hund sollte an einer Straße unangeleint sein, unabhängig davon, ob er taub ist oder nicht, und unabhängig davon, für wie gut erzogen ihn sein Besitzer hält. Vernünftigerweise sollte ein gehörloser Hund angeleint sein, wenn er in der Nähe einer Straße ist, und er sollte auch dazu erzogen worden sein, seinen Besitzer im Auge zu behalten und ein Rückrufsignal zu befolgen, bevor er abgeleint wird. Dies gilt aber in gleichem Maße für einen hörenden Hund.

Drohgesten werden von tauben Hunden zwar nicht gehört, aber gesehen!

Das nächste Argument lautet, dass ein tauber Hund nicht mit anderen sozialisiert werden und kein warnendes Knurren hören kann. Hunde sind Meister im Erkennen bzw. „Lesen" der Körpersprache. Tatsächlich erfolgt der Hauptteil der Kommunikation zwischen Hunden über die Körpersprache, weniger über Lautgebung und Geräusche. Droht ein Hund, so

gibt er nicht nur das Knurren von sich, sondern nimmt auch eine abwehrende Körperhaltung ein und verändert seinen Gesichtsausdruck. Dies sieht der taube Hund natürlich.

Ein geringes Risiko kann darin bestehen, dass ein anderer Hund den gehörlosen Hund von hinten durch einen Angriff überrascht. Aber dieses Risiko ist wirklich sehr gering und bestimmt kein Grund, einen tauben Welpen wegen dieser Eventualität zum Tode zu verurteilen. Im Erziehungsteil finden Sie darüber hinaus einen Hinweis darauf, wie Sie Ihrem Hund erklären können, dass jemand (Mensch oder Tier) auf ihn zukommt, der sich nicht in seinem Gesichtsbereich befindet.

Eine gute Sozialisierung mit Artgenossen ist für jeden Hund wichtig – egal, ob er hören kann oder nicht.

Es ist bei jedem Hund wichtig, ihn so früh wie möglich gut zu sozialisieren. Wenn ein Welpe von klein auf gut sozialisiert wird, hat er die besten Chancen, sich zu einem glücklichen, freundlichen Hund zu entwickeln. Dieser letztgenannte „Grund" resultiert wohl eher aus der Befürchtung des Menschen, der Hund könne aggressiv oder verhaltensauffällig werden, aber es ist ethisch sicher nicht zu verantworten, einen Hund auf Grund einer Befürchtung zu töten! Tatsächlich gibt es viele Gründe, weshalb Hunde aggressiv oder verhaltensgestört werden können. Welpen zum Beispiel, die von ängstlichen oder aggressiven Elterntieren abstammen, Hunde, die als Welpen nicht sozialisiert wurden oder schlechte Erfahrungen gemacht haben, um nur einige zu nennen. Daraus kann aber nicht gefolgert werden, dass ein Hund, nur weil er taub ist, automatisch aggressiv oder verhaltensgestört wird, und es bedeutet auch nicht, dass die Aggressivität oder Verhaltensstörung eines tauben Hundes unbedingt auf seine Taubheit zurückzuführen ist!

Unserer Ansicht nach sind diese Argumente nur bequeme Ausreden, um sich nicht um einen behinderten – und daher in der Erziehung aufwändigeren – Welpen/ erwachsenen Hund kümmern zu müssen. So gesehen gelten sie allerdings für alle Hunde, deren Erziehung etwas mehr Aufwand und Einsatz erfordert, unabhängig davon, ob sie taub sind oder nicht. Statt negativ zu denken und zu handeln, sollte man lieber das Problem der Erziehung gehörloser Hunde in den Griff bekommen und ein spezielles Trainingsprogramm für sie entwickeln. Bis Taubheit nicht mehr vorkommt, wird es hoffentlich immer Leute geben, die tauben Welpen/ erwachsenen Hunden die Chance geben, ein erfülltes Leben zu führen. Diese Menschen und ihre Hunde benötigen Hilfe bei der Erziehung – wie jeder andere Hund und sein Halter.

Gründe, einen tauben Hund zu haben

Es gibt wahrscheinlich unzählige Gründe dafür, warum Menschen einen tauben Hund haben, doch unserer Erfahrung nach gibt es zwei Hauptgründe, die beide auf menschliche Gefühle zurückgeführt werden können:

Der erste Grund: Der nichts ahnende Halter eines tauben Hundes. Ein Züchter verkauft einen Welpen, doch weder ihm noch dem neuen Halter ist bewusst, dass dieser taub ist. Irgendwann vermutet der Halter, dass irgendetwas nicht stimmt. Auch ganz einfache Erziehungsversuche schlagen fehl oder der Welpe reagiert verzögert oder gar nicht auf Geräusche. Tests ergeben schließlich, dass er entweder teilweise oder vollkommen taub ist. Der Züch-

ter bietet an, ihn zurückzunehmen; allerdings wird er dann meistens eingeschläfert. Inzwischen haben die Halter das neue Familienmitglied jedoch so lieb gewonnen, dass sie sich nicht vorstellen können, ihn wieder herzugeben, geschweige denn einschläfern zu lassen.

Der zweite Grund: Emotionale Erpressung. Ein potenzieller Halter wird mit der Leidensgeschichte des armen Hundes überredet, etwas in der Richtung von: „Ich habe einen Welpen zu verkaufen, der jedoch taub ist. Wenn ich kein gutes Zuhause für ihn finde, muss ich ihn einschläfern lassen." Es ist überraschend, wie viele Leute darauf hereinfallen. Ich, Barry, bin darauf hereingefallen!

Es gibt noch einen **dritten, einen seltenen Grund** dafür, warum jemand einen tauben Hund hat. Ein Züchter, der nur gelegentlich einen Wurf hat, findet heraus, dass einer der Welpen taub ist. Da er es nicht über`s Herz bringt, ihn einzuschläfern oder ihn jemand anderem zu überlassen, behält er ihn. Leider ein seltener Fall.

Last not least gibt es noch einen weiteren, wunderbaren Grund:
Ein tierlieber Mensch entscheidet sich ganz bewusst dafür, einem tauben Hund eine Chance zu geben. ☺

Allgemeines über Sozialisierung und Training

Leider gibt es noch immer Vereine und Hundeschulen, die keine tauben Welpen/ erwachsenen Hunde in ihre Kurse aufnehmen. Unserer Meinung nach spiegelt das die eingeschränkten Ausbildungsmöglichkeiten und das mangelnde Fachwissen der Trainer wider. Die Taubheit eines Hundes ist absolut kein Grund, ihn nicht an Erziehungskursen teilnehmen zu lassen oder ihn von anderen Aktivitäten auszuschließen.

Wir raten unseren Kunden immer – auch wenn sie bei uns noch im Einzeltraining betreut werden – an Ausbildungskursen teilzunehmen. Vor ein paar Jahren schickte Barry einen seiner Kunden mit seinem Dalmatinerwelpen zu einem Übungskurs, dessen Trainer er über die Taubheit des Hundes informiert hatte. Am Ende des Kurses bekam die Hündin Bestnoten, die dort vorher noch kein Hund erhalten hatte. Auch beim anschließenden Fortgeschrittenenkurs bekam sie wieder die besten Bewertungen.

Neben den Vereinen und Schulen, die keine tauben Welpen oder erwachsenen Hunde aufnehmen, gibt es viele gute Kurse, bei denen sie zugelassen sind. Bevor Sie sich jedoch für einen entscheiden, sollten Sie eine Übungsstunde beobachten, um zu sehen, wie trainiert wird. Wenn Ihnen nicht erlaubt wird zuzusehen, gehen Sie auf jeden Fall woanders hin. Ein guter Trainer, der sauber ausbildet, sollte kein Problem damit haben, dass ihm bei der Arbeit zugesehen wird.

Wenn Sie einen Welpen haben, sollten Sie nach einem Kurs speziell für Welpen im Alter von 12 bis 24 Wochen suchen. Es sollte eine Höchstgrenze für die Anzahl der teilnehmenden Welpen geben, damit eine Ausgewogenheit zwischen Gruppenaktivitäten und Einzelunterricht gegeben ist und der Trainer wirklich auf alle Teilnehmer eingehen kann. Die gerade in Vereinen oftmals propagierte Einstellung der „offenen Kurse" – das bedeutet, dass zu einem genannten Termin einfach jeder

kommt, der möchte – kann zu Chaos führen. Meistens muss man sehr lange warten, ehe wirklich etwas getan wird, und in der Regel bleibt für die Fragen des Einzelnen kaum Zeit. Zusätzlich ist es dem Trainer meist nicht möglich, wirklich alle Hunde und Menschen zu beobachten, um sofort eingreifen zu können, wenn irgendwo etwas schief läuft.

Die Ausbildungsmethoden sollten freundlich, motivierend und fair sein, und es sollte über Belohnungen wie zum Beispiel Leckerchen und Spielzeug gearbeitet werden. Sprechen Sie mit den Trainern und stellen Sie Fragen zu deren Erfahrungen und Qualifikationen. Lassen Sie sich erklären, wo sie selbst ausgebildet wurden und wie sie Ihnen bei der Erziehung Ihres tauben Hundes helfen möchten. Wenn Sie Hundehalter oder Trainer sehen, die Würgehalsbänder verwenden und/ oder mit Leinenruck arbeiten, halten Sie sich von diesen Kursen unbedingt fern, denn hier wird über psychischen Druck und Schmerzeinwirkung gearbeitet.

Die folgenden Tipps können Ihnen bei der Suche nach einem guten Trainer helfen:

Der Trainer/ die Trainerin...

- *...sollte über eine fundierte Ausbildung im Umgang mit Hunden und Menschen verfügen und jederzeit in der Lage sein, diese auch nachzuweisen. Schwammige Versicherungen wie „...ich hab' da mal einen Kurs gemacht..." oder „...ich weiß schon Bescheid..." reichen nicht aus!*

- *...sollte selbstverständlich über ein breit gefächertes (!!!) Fachwissen über Hunde verfügen und in der Lage sein, mit den unterschiedlichsten Rassen, Charakteren und Problemstellungen umzugehen.*

- *...sollte offen sagen, wenn er/ sie noch Berufsanfänger/in ist und Ihnen einen versierten Kollegen empfehlen, wenn er/ sie sich mit einem Training überfordert fühlt. Im Gegenzug wäre es schön, wenn Sie diese Ehrlichkeit anerkennen und nicht als Schwäche auslegen... jeder hat mal in seinem Beruf angefangen!*

- *...muss in der Lage sein zu erkennen, wann Hund und/ oder Mensch eine Pause brauchen. Sehr häufig werden beide hoffnungslos überfordert und gehen anschließend verunsichert und frustriert nach Hause.*

- *...sollte eine stationäre Ausbildung ohne Hundebesitzer ablehnen. Die angeblich sorgfältige Einweisung von ein bis fünf Tagen nach dem Training kann dem Hundebesitzer niemals vermitteln, in welchen Einzelschritten der Hund die Trainingsziele erlernt hat, und Sie als Hundebesitzer haben keinerlei Kontrolle darüber, WIE Ihr Hund erzogen wurde. Hinzu kommt als großer Nachteil für Sie: Ihr Hund lernt, die Übungen mit seinem Trainer auszuführen, nicht mit Ihnen.*

- *...sollte immer auskunftsfreudig sein und sich bemühen, dem Kunden so viel Fachwissen wie nur möglich zu vermitteln. Übungen müssen im Aufbau genau erklärt, Ihre Fragen müssen beantwortet werden. Idealerweise erhalten Sie schriftliche Unterlagen wie zum Beispiel Arbeitsblätter oder ein Trainingstagebuch, damit Sie die Fülle der Informationen zu Hause in aller Ruhe durcharbeiten und wiederholen können.*

- *...sollte in der Lage sein, sich ganz individuell mit den einzelnen Hundebesitzern auseinandersetzen zu können – und auch zu wollen! Leider vermissen viele Hundebesitzer im Training Geduld und Verständnis für ihre ganz persönlichen Probleme. Manchmal werden sie sogar unverschämterweise als „unfähig, einen Hund zu führen“ oder sogar als „zu doof“ bezeichnet. Das sollte man sich auf keinen Fall gefallen lassen. Wechseln Sie die Hundeschule und machen Sie möglichst auch publik, wie dort mit Kunden umgegangen wird. Schließlich handelt es sich bei einer Hundeschule um ein Dienstleistungsunternehmen, das auch entsprechend geführt werden sollte.*

- *...sollte selbstverständlich nach neuesten verhaltenskundlichen Erkenntnissen und ohne Einsatz von tierschutzrelevantem Zubehör wie Reizstromgeräten, Anti-Kläff-Halsbändern usw. arbeiten. Alle Methoden, die dem Hund Angst oder Schmerzen zufügen, seine Persönlichkeit zerstören oder ihn in seiner Würde verletzen sind indiskutabel. Der auch heute noch viel geforderte „Kadavergehorsam" sagt viel über die Psyche des Trainers und nichts über die des Hundes aus.*

- *...sollte frei von Profilneurosen sein und nicht ständig damit prahlen, wie gut er/ sie ist und wie schlecht all die anderen sind. Kollegialität und Fairness sagen viel über die Charaktereigenschaften eines Menschen aus!*

- *Ständige Fortbildung und das regelmäßige Überprüfen der eigenen Trainingsmethoden sollten eine Selbstverständlichkeit sein.*

- *Beobachten Sie Ihren Hund: Ihr Hund sollte nicht nur gern, sondern möglichst mit Begeisterung in „seine" Schule gehen! Eine Hundeschule, die der Hund auch nach mehreren Trainingsstunden nur unsicher und/ oder widerstrebend besucht, sollten Sie verlassen. Die Hunde selbst sind oft das sicherste – und auch verräterischste – Barometer für die Qualifikation des Trainers und die Qualität der Schule!*

Wenn der Ausbilder keine Erfahrung mit der Erziehung tauber Hunde hat (und nur wenige haben dies!), seien Sie darauf vorbereitet, die von ihm vorgegebenen Übungen eventuell etwas zu verändern und an die speziellen Bedürfnisse Ihres Hundes anzupassen.

Sozialisierung

Welpen sollten behutsam sozialisiert werden.

Ein wesentlicher Teil der Erziehung eines Hundes dient dazu, ihm beizubringen, wie er mit den ganz normalen Anforderungen des Alltags umzugehen hat. Er muss im Welpenalter an Menschen – Kinder und Erwachsene, Männer und Frauen – und andere Tiere im Haushalt und draußen gewöhnt werden, und er muss lernen, sich ihnen gegenüber richtig zu verhalten. Das ist ein sehr wichtiger Prozess für jeden Welpen, insbesondere für einen, der nicht hören kann. Sie müssen ihn an viele verschiedene Umweltreize und unterschiedlichste Leute gewöhnen, so dass er alles genau kennen lernt. Je sicherer er mit all dem umgehen kann, desto weniger schnell ist er durch besondere Ereignisse zu erschüttern.

Das bedeutet aber nicht, dass Sie ihn möglichst vielen Reizen gleichzeitig und innerhalb kürzester Zeit aussetzen sollen, denn dann erreichen Sie eher eine Reizüberflutung, die den Hund nervös und ängstlich hinterlässt, als eine gute Sozialisierung, die ihn nervenstark, angstfrei und normal belastbar auf sein zukünftiges Leben vorbereitet. Es ist wichtig, die richtige Balance zwischen der Konfrontation mit Reizen und den anschließenden Ruhephasen zu finden, damit der junge Organismus nicht überfordert wird und die vielen Eindrücke verarbeiten kann. Es ist ähnlich wie bei einem kleinen Kind, für dessen Lernen und Verstehen es ebenfalls wichtig ist, immer wieder Neues zu erfahren. Werden aber zu viele Eindrücke gleichzeitig gesetzt und hat das Kind zusätzlich nicht ausreichend viel geruht und geschlafen, wird es nur noch müde herumquengeln, anfangen zu weinen und die Situation schließlich überfordert und frustriert erleben. Die eigentlich gewünschte Lerninformation wird entweder gar nicht

oder negativ verknüpft abgespeichert. Finden Sie deshalb immer ein gesundes Mittelmaß zwischen Aktions- und Ruhephasen.

Die Sozialisierung mit Menschen sollte im Alter von zwei Wochen beginnen, indem der Welpe für einen kurzen Moment vorsichtig hochgehoben und sehr sanft angefasst wird. Man geht davon aus, dass Welpen, die in diesem Alter leichten (!) Anforderungen ausgesetzt werden, später besser mit Stress umgehen können. Wenn ein Welpe bis zum Alter von zwölf Wochen nicht mit Menschen sozialisiert wurde, kann das schädliche Auswirkungen auf sein zukünftiges Verhalten haben. Genauso wichtig ist die Sozialisierung des Welpen mit anderen Hunden. Er muss lernen, wie er sich anderen Hunden gegenüber verhalten und mit ihnen umgehen soll, andernfalls entwickelt er möglicherweise Angst vor ihnen. Seien Sie deshalb bitte nicht übervorsichtig und lassen Sie Ihren tauben Welpen mit gut sozialisierten und freundlichen Hunden jeden Alters und unterschiedlicher Größe zusammen kommen.

Die Verantwortung für den Beginn der Sozialisierung des Welpen liegt beim Züchter. Sie sollte vom neuen Halter fortgeführt werden, wenn der Welpe von ihm übernommen wird. Doch zunächst muss er ein paar Tage Zeit bekommen, sich in seinem neuen Zuhause mit den noch wenig vertrauten Menschen einzugewöhnen. In diesen ersten Tagen sollte nicht zu viel Trubel herrschen, und auf ständig wechselnden Besuch sollte man verzichten. Wenn sich der Welpe wohl und sicher in seiner neuen Umgebung fühlt und auch schon Vertrauen zu seinen Menschen aufgebaut hat, kann man die Sozialisierung fortführen. Laden Sie zum Beispiel Freunde, Verwandte und Nachbarn einschließlich Kindern (natürlich nicht alle auf einmal!) ein, damit Ihr Welpe sie kennen lernen kann. Laden Sie Männer mit Bärten, Leute in Uniform oder Personen mit einem Stock oder einem Regenschirm ein; begrüßen Sie jeden freund-

lich und begegnen Sie allem entspannt, was ein wenig ungewöhnlich ist. Oft ist es für Hunde auch wichtig zu sehen, dass Sie diese Menschen oder Gegenstände berühren – und nichts passiert. Wenn Sie zum Beispiel jemandem die Hand geben und derjenige, obwohl er eventuell komisch aussieht, nicht „beißt", ist dies für den Welpen eine wichtige Erfahrung: Sieht zwar komisch aus, ist aber ungefährlich, eventuell sogar nett! ☺ Wenn der junge Hund sich vor einem Gegenstand fürchtet und sieht, dass Sie diesen Gegenstand nicht fürchten und sogar anfassen können, ohne dass es zu einem Zwischenfall kommt, ist dies ebenfalls eine wichtige Information für ihn, die ihm seine Angst nimmt. Meistens ist es kontraproduktiv, den Hund allzu sehr zu drängen, sich einem gefürchteten Gegenstand zu nähern, denn das verstärkt seine Angst nur. Geben Sie ihm lieber Zeit, zu beobachten und eigene Schlüsse zu ziehen.

Sie können Ihren Welpen auch auf kurze Autofahrten mitnehmen, damit er sieht, dass es auf der Welt noch mehr gibt als nur seinen Garten. Gehen Sie mit ihm auf die Straße, damit er die Welt draußen erleben, sehen und riechen kann. Aber wie schon erwähnt: Achten Sie darauf, dass ihm das alles nicht zu viel wird. Sie wollen Ihren Welpen sozialisieren, nicht mit Reizen überfluten!

Sie können auch eine gut durchgeführte Welpenspielgruppe besuchen. Die Welpen spielen und lernen, miteinander umzugehen, während der Trainer Sie über die Pflege und Versorgung Ihres jungen Hundes informiert. Aber auch hier gilt es, sich im Vorfeld genau über den Ablauf und die Zielsetzung des Kurses und die Qualifikation des Trainers zu erkundigen, denn nicht jede angebotene Dienstleistung ist auch wirklich professionell erbracht und für den Hund sinnvoll zu besuchen.

Später können Sie Erziehungskurse besuchen, in denen die Sozialisierung fortgeführt und der Grundgehorsam aufgebaut wird.

Fellpflege und Anfassen

Ein besonderes Augenmerk bei der Sozialisierung gilt der Fellpflege und dem Anfassen. Viele Leute pflegen ihre Hunde nur, wenn es (mehr oder weniger dringend) nötig wird. Doch das ist in der Regel so selten, dass der Hund nicht daran gewöhnt ist und dann protestiert. Unter Umständen versucht er, nach der Bürste oder der Hand des Halters zu schnappen, oder er windet sich, zappelt herum und versucht zu fliehen, und je heftiger die Gegenwehr des Hundes ausfällt, desto vehementer versucht der Halter, diesen festzuhalten und doch noch ein paar hastige Bürstenstriche unterzubringen – was dem Hund nur noch mehr Angst macht. Irgendwann artet das Ganze in einen Kampf aus, den in der Regel der Hund gewinnt!

Um ein solch für beide Seiten unerfreuliches Szenario zu verhindern, sollten Sie ihn frühzeitig an die Fellpflege gewöhnen, damit er sie gern hat, wenn sich das Haarkleid im Erwachsenenalter vollständig entwickelt hat und es notwendig ist, es zu bürsten. Trainieren Sie die Fellpflege deshalb täglich, ganz unabhängig davon, ob es wirklich nötig ist oder nicht. Bürsten Sie ihn anfangs nur einige Sekunden und sehr sanft und vorsichtig, denn tatsächlich sind viele Hundehalter oft zu ruppig beim Bürsten, weshalb die Abwehr dagegen aus Sicht des Hundes ganz verständlich ist. Geben Sie ihm nach dem Bürsten oder Kämmen eine Futterbelohnung oder spielen Sie mit ihm, damit er die Pflege mit etwas Schönem verbindet. Jeder in der Familie sollte den Hund ab und zu bürsten, auch die Kinder – allerdings natürlich nur unter Anleitung und Aufsicht der Eltern, und wenn sie ein Alter erreicht haben, in dem sie verstehen können, worauf sie dabei achten müssen.

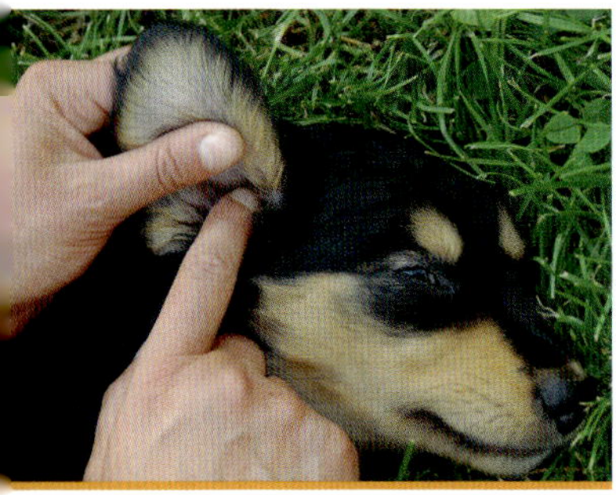

Zweifellos gibt es im Leben eines jeden Hundes Situationen, in denen er genauer untersucht oder eventuell festgehalten und behandelt werden muss. Er könnte eine Beule, einen Knoten oder eine Verletzung haben. Es könnte etwas in seiner Pfote eingetreten sein oder seine Krallen müssen geschnitten werden. Auf jeden Fall müssen irgendwann einmal Zecken bei ihm entfernt werden. Egal, ob Sie selbst ihn genauer ansehen möchten oder ob er von einem Tierarzt untersucht werden muss – Ihr Hund sollte daran gewöhnt sein, angefasst und sanft gehalten zu werden. Gewöhnen Sie ihn jetzt daran, damit er es kann, wenn es wirklich nötig ist. Halten Sie sanft jede Pfote in Ihrer Hand und fahren Sie mit Ihrem Daumen über die Oberseite. Heben Sie vorsichtig abwechselnd jede Lefze an, damit Sie seine Zähne sehen können. Sehen Sie sich seine Augen an, schauen Sie in seine Ohren und unter die Rute. Es ist wichtig, dass Sie dabei sehr sanft und freundlich vorgehen. Gehen Sie mit zunehmendem Vertrauen des Welpen in das, was Sie tun, schrittweise weiter, und wenn er sich freudig anfassen lässt, bitten Sie gute Freunde, es zu versuchen. Hierbei ist jedoch wichtig, dass es hundeerfahrene Menschen sind, die mit ebensolcher Selbstverständlichkeit, Umsicht und Vorsicht mit Ihrem Welpen umgehen, wie Sie selbst.

Je öfter Ihr Hund diese Situation angstfrei durchlebt, desto selbstsicherer wird er. Wenn es später einmal Situationen geben wird, in denen er sich vom Tierarzt untersuchen lassen muss, wird diese Vorbereitung die Aufgabe sehr vereinfachen.

Denken Sie daran, während des Bürstens und Anfassens freundlich und ruhig mit Ihrem Hund zu sprechen, lächeln Sie ihn an und streicheln Sie ihn zwischendurch. So zeigen Sie ihm, dass Sie zufrieden mit ihm sind.

Wenn er protestiert, hören Sie mit dem auf, was Sie tun, setzen Sie einen teilnahmslosen Gesichtsausdruck auf und warten Sie, bis er sich beruhigt hat, bevor Sie fortfahren. Nutzen Sie die kurze Pause, um sich selbst zu überprüfen, ob Sie vorsichtig genug waren und dem Hund nicht durch Ziepen oder Festhalten versehentlich wehgetan haben.

Vergessen Sie keinesfalls, wirklich immer nur sehr kurz zu üben, und üben Sie nicht so häufig, dass Ihr junger Hund am liebsten genervt das Weite suchen würde, wenn Sie auf ihn zugehen.

Grundlagen der Kommunikation und Motivation

Da Sie bei einem tauben Hund nicht die Möglichkeit haben, ihm etwas über Ihre Stimme mitzuteilen, müssen Sie etwas einfallsreicher sein, wenn Sie mit ihm kommunizieren möchten. Die drei wichtigsten Arten, dies zu tun, sind:

- Handzeichen
- Gesichtsausdruck
- Körperhaltung und Gestik

Handzeichen

Handzeichen sind eines der wichtigsten Kommunikationsmittel. Sie müssen deutlich und anfangs übertrieben sein. Da die ganze Familie in die Erziehung des Hundes mit einbezogen sein sollte, müssen Sie sich alle auf die gleichen Handzeichen einigen, bevor Sie mit dem Training beginnen. Halten Sie sich konsequent an die Absprache, denn wenn nicht jeder die gleichen Zeichen verwendet, wird und kann der Hund Sie nicht verstehen. Er wird eher verwirrt als erzogen, die ganze Ausbildung

Wählen Sie klare und eindeutige Gesten als Handzeichen.

dauert viel länger und last not least ist es nicht fair, dem Hund die Sache schwerer als nötig zu machen. Vergessen Sie nicht, sich neben einem Zeichen für „So ist es gut!“, auch eines für „Nein, das ist nicht o.k.“ auszudenken, da Ihr Hund, egal wie süß er ist, nicht immer ein Engel sein wird!

Es ist egal, welche Handzeichen Sie für die Kommunikation mit Ihrem Hund verwenden, solange diese nicht im Widerspruch zum Kommando stehen. Sie sollten also nicht eine Distanz schaffende Geste benutzen, wenn der Hund zu Ihnen kommen soll oder Ähnliches. Ansonsten ist es aber egal, ob Sie für ein bestimmtes Zeichen die gesamte Handfläche zeigen oder nur ein oder zwei Finger usw. Schließlich bringen Sie einem hörenden Hund auch nicht bei, sich zu setzen, indem Sie „sitz“ sagen – sondern Sie belegen einfach die Handlung des Absitzens, die der Hund ja sowieso beherrscht, mit einem beliebigen Signalwort. Mit anderen Worten, Sie könnten, wenn Sie wollten, auch „Clown“ oder „Harlekin“ oder sonst was sagen, vorausgesetzt, Sie bringen dem Hund bei, dass dieses Wort bedeutet, sich hinzusetzen. Ich kenne zum Beispiel einen Hund, dem beigebracht wurde, sich auf das Kommando „parken“ hinzusetzen. Genauso funktionieren Handzeichen.

Allerdings möchten wir darauf hinweisen, dass das Trainieren auf irgendwelche Phantasiezeichen zwar möglich, aber nicht wirklich sinnvoll ist, da diese keine Assoziation in Ihrem Kopf hervorrufen. Nehmen wir zum Beispiel an, Ihr Hund steht vor Ihnen, während mehrere Reiter auf

Sie zukommen. Sie möchten den Hund vor sich absetzen lassen, um sicher zu gehen, dass er nicht den Pferden hinterher rennt. Wenn Sie jetzt erst lange überlegen müssen, welches denn das Zeichen war, das Sie hierfür verwendet haben, ist der Moment, in dem Sie den Hund noch unter Kontrolle bringen konnten, eventuell schon vorbei... Besser also, Sie benutzen Handzeichen, die gebräuchlich sind und Ihnen sofort in den Sinn kommen, wenn Sie mit dem Hund arbeiten.

Die von uns verwendeten Handzeichen, die in diesem Buch erklärt werden, haben bei unseren Hunden bestens funktioniert. Alle verstanden sehr schnell, was wir von ihnen wollten. Trotzdem sind sie nicht „in Stein gemeißelt", sondern eher als Vorschlag gedacht. Wenn Sie andere vorziehen, ist das in Ordnung. Sie sollten bei der Auswahl der Handzeichen aber einige Punkte berücksichtigen:

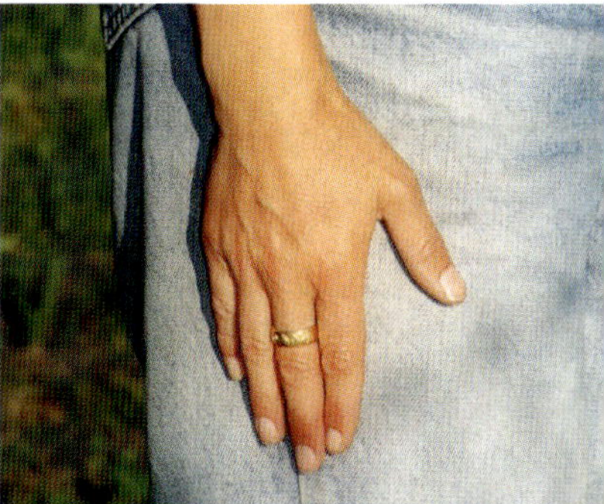

- Wählen Sie **deutliche und anfangs übertriebene Signale**, die vom Hund schnell zu erfassen sind. Mit den Jahren werden Sie merken, dass Sie die Zeichen ganz automatisch weniger ausgeprägt zeigen, da Sie und Ihr Hund sich so gut aufeinander eingestellt haben, dass schon ein kleiner Fingerzeig ausreicht, um ihm etwas mitzuteilen. Aber anfangs machen Sie es ihm leichter, wenn Sie die Zeichen sehr deutlich zeigen.

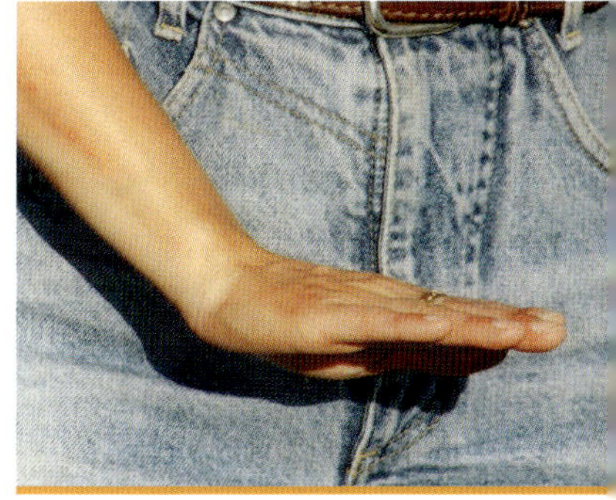

- Überlegen Sie sich keine komplizierten Zeichen, wählen Sie lieber **einfache Handzeichen**, damit Ihr Hund nicht verwirrt wird.

- Wenn Sie einen Welpen trainieren, planen Sie für die Zeit voraus, in der Ihr Hund erwachsen sein wird und sich möglicherweise in größerem Abstand zu Ihnen befindet. Bringt man einem Welpen, der sich eh meist in der Nähe seiner Menschen aufhält, bei,

dass man auf seinen Oberschenkel klopft, wenn er kommen soll, ist das schön und gut. Wenn dieser Hund aber im Erwachsenenalter auch mal mit etwas mehr Distanz durch die Felder und Wälder streift, wird er dieses Zeichen nicht mehr erkennen können. **Daher muss insbesondere das Rückrufzeichen sehr deutlich sein.**

- Versuchen Sie Ihre Signale so aufzubauen, dass Sie ein **Kommando in zwei Stufen verstärken** können. „Bitten" Sie den Hund etwas zu tun. Nur wenn er es nicht tut, werden Sie mit dem Signal nachdrücklicher. Sie müssen dann eine strengere Folge von Zeichen zusammen mit entsprechender Körpersprache und entsprechendem Gesichtsausdruck verwenden. Bei einem hörenden Hund kann der Besitzer seinen Tonfall einsetzen, um das Kommando bei Bedarf in diesen Stufen durchzusetzen. Diese Möglichkeit haben Sie nicht, deshalb müssen Sie erfinderischer sein.

- **Keines der Zeichen sollte es nötig machen, den Hund anzufassen.**

Kürzlich wurden übrigens erste Ergebnisse einer interessanten Studie der Animal Behaviour, Cognition and Welfare Group der Universität Lincoln in England veröffentlicht. Dort hatte man einer Gruppe von Hunden verschiedene Kommandos über eine Kombination aus Sicht- und Hörzeichen beigebracht. Dann wurden die Kommandos nur über Hör- oder nur über Sichtzeichen gegeben und die Reaktionen der Hunde protokollarisch erfasst. Das Ergebnis der Auswertung zeigte eindeutig, dass die Hunde viel besser auf die Sichtzeichen (ohne gesprochene Wörter) reagierten als auf die Hörzeichen. Auch bei mehrfachen Versuchen mit unterschiedlichen Hunden kam es immer wieder zu einer statistisch signifikanten Erhöhung der Trefferquote bei den Sichtzeichen! Es ist also tatsächlich so, dass Hunde grundsätzlich besser auf visuelle Reize als auf akustische reagieren, und diese Information ist insbesondere für den Halter eines tauben Hundes sehr wichtig, denn sie beweist nicht nur, dass Hunde sehr wohl über Sichtzeichen ausgebildet werden können, sondern dass dies ihrem Wahrnehmungsvermögen sogar noch entgegenkommt! ☺

Körpersprache/ Gesichtsausdruck

Sie können Ihre Körpersprache und Ihren Gesichtsausdruck einsetzen, um sich Ihrem Hund mitzuteilen. Sie können zum Beispiel Ihre Zufriedenheit oder Unzufriedenheit ausdrücken oder in eine Richtung zeigen, indem Sie mit der Hand dorthin zeigen und zusätzlich mit dem Kopf in diese Richtung nicken.

Der Lautgebung wird in der Kommunikation unter Hunden viel weniger Bedeutung zugemessen, als die meisten Menschen annehmen. Zwar verständigen sich Hunde auch über Bellen, Fiepsen, Winseln, Heulen und andere Vokalisationen, aber dennoch spielen andere Kommunikationselemente wie die olfaktorische und taktile Kommunikation oder der Blickkontakt eine viel größere Rolle. Das können Sie nutzen!

Wenn Sie Ihren Hund zum Beispiel auf etwas aufmerksam machen wollen, können Sie sehr intensiv dorthin schauen. Es wird nicht lange dauern, bis Ihr Hund dies bemerkt und seinerseits guckt, was Sie dort so interessiert beobachten. Dieses intensive Beobachten können Sie noch durch eine leicht nach vorne gebeugte Körperhaltung in die Blickrichtung verstärken. Hat sich Ihr Hund erst einmal an diese Kommunikationsform gewöhnt, wird er immer schneller bemerken, wann Sie etwas intensiv anschauen, denn Hunde sind Meister der Beobachtung! Sie können kleinste Veränderungen in der Körperhaltung ihrer Halter erkennen, selbst wenn diesen das gar nicht bewusst ist. Deshalb sollten Sie sich Ihrer Körperhaltung und Ihres Ge-

Dieser Hundehalter macht seinen tauben Hund durch intensives Beobachten eines Reizes auf diesen aufmerksam.

sichtsausdruckes bewusst sein und beides in der Kommunikation mit Ihrem Hund gezielt einsetzen.

Üben Sie vor einem Spiegel.

Stellen Sie sich vor einen Spiegel und üben Sie Gestik, Mimik und Körpersprache ein. Fröhliche, begeisterte, Im-siebten-Himmel-Gesichter. Einen völlig ausdruckslosen Gesichtsausdruck. Und einen unzufriedenen, einen verärgerten und einen „Das geht gar nicht!" Gesichtsausdruck. Sie alle sind in bestimmten Situationen nützlich.

Die Körperhaltung und der Gesichtsausdruck spielen ebenfalls eine wichtige Rolle in der Kommunikation mit Ihrem Hund. Wenn Sie zum Beispiel Ihrem Hund die Geste für das Herankommen zeigen, dabei aber ein „Das geht gar nicht!"-Gesicht machen, weil Sie sich gerade über sein Wälzen im Misthaufen geärgert haben, haben Sie nur wenig Chancen auf Erfolg, denn Ihr Hund wird Ihnen lieber ausweichen, als zu Ihnen zu kommen. Das ist natürlich nicht nur bei tauben Hunden so! Aber bei ihnen ist es umso wichtiger, sich seiner Körperhaltung und seines Gesichtsausdrucks sehr bewusst zu sein, weil er einzig und allein auf die optischen Signale eingestellt ist. Eine schließlich doch noch versöhnliche Stimme hört er zum Beispiel nicht.

Reden Sie mit Ihrem Hund.

Dann noch ein Tipp, der Ihnen vielleicht etwas merkwürdig vorkommt, aber dennoch sehr sinnvoll ist: **Reden Sie mit Ihrem Hund, wenn Sie ihm etwas mitteilen!** Er wird Sie zwar nicht hören können, aber wenn Sie positive Dinge zu ihm sagen, verstärkt dies einen freundlichen Gesichtsausdruck und eine positive Körpersprache, die die Übermittlung der richtigen Mitteilung an Ihren Hund unterstützen. Lächeln Sie, setzen Sie ein fröhliches Gesicht auf. Wenn Sie lächeln, während

Zeigen Sie Ihrem Hund durch ein Lächeln, dass er seine Sache gut gemacht hat.

Sie Ihren Hund belohnen oder loben, lernt er, dass ein Lächeln und Ihre damit einhergehende entspannte Körperhaltung bedeuten, dass Sie zufrieden mit ihm sind. Hierzu ein Beispiel: Stellen Sie sich vor, Sie haben mit Ihrem Hund daran trainiert, dass er sich auf das Wort „Platz“ hin ablegt, und nach einigen Übungsdurchgängen tut er es schließlich auch zuverlässig. Wenn Sie nur „Braver Hund!“ denken, ist es schwierig, über die Gesichtsmimik auszudrücken, was Sie dabei fühlen. Wenn Sie jedoch „Braver Hund!“ sagen und es auch wirklich so meinen, sehen Sie automatisch vergnügt aus, denn Sie werden lächeln und Ihre Augen werden strahlen. Diese positiven Kommunikationssignale kommen bei Ihrem Hund natürlich an und bestätigen ihn in seiner Handlung.

Wenn sich Ihr Hund jedoch während der Übungsstunde auf das Signal hin nicht hinlegt, sollte Ihr Gesicht vollkommen ausdruckslos werden. Zeigen Sie keine und schon gar nicht negative Gefühle, bis er das gewünschte Kommando ausgeführt hat. Sobald er es tut, wird Ihr Gesicht mit dem gesprochenen Lob fröhlich und vergnügt. Sie dürfen nicht verdrießlich aussehen oder einen strengen Gesichtsausdruck aufsetzen,

wenn er nicht tut, wozu Sie ihn auffordern, da das ausschließlich Situationen vorbehalten sein sollte, in denen Ihr Hund etwas angestellt hat und Sie ihn tadeln möchten. Tadel sollte aber während der Übungsstunden nicht vorkommen, denn wenn sich Ihr Hund wie im oben angenommenen Beispiel nicht hinlegt, wenn Sie ihn dazu auffordern, versteht er wahrscheinlich gar nicht, was Sie von ihm wollen; oder Sie haben das Kommando in einer Situation gefordert, die vom Hund konfliktbeladen empfunden wird, und dafür dürfen Sie ihn nicht schimpfen! Überlegen Sie lieber, wie Sie ihm besser erklären können, welche Handlung Sie von ihm erwarten oder wie Sie die Situation, die die Ausführung des Kommandos zum Konflikt werden lässt, verändern können. Auch hier wieder ein Beispiel: Wenn jemand seinem Hund beim Tierarzt, womöglich auch noch während einer schmerzhaften Untersuchung, das Kommando „Platz" abverlangt, darf er sich nicht wundern, wenn der Hund es nur zögerlich oder auch gar nicht ausführt. Das hat nichts mit mangelndem Gehorsam zu tun, sondern ganz viel mit Stress, Angst und Unsicherheit. Würde der Hund nun auch noch mit strenger Miene und nachhaltiger Handbewegung zum „Platz!" gezwungen, würde die Situation für ihn schier unerträglich. Mit anderen Worten: Wenn man seinem Hund ein guter und fairer Lehrer sein möchte, muss man nicht nur etwas über Kommandoaufbau und Motivation wissen, sondern auch genau überlegen, wann man welches Kommando gibt bzw. es jetzt lieber bleiben lässt.

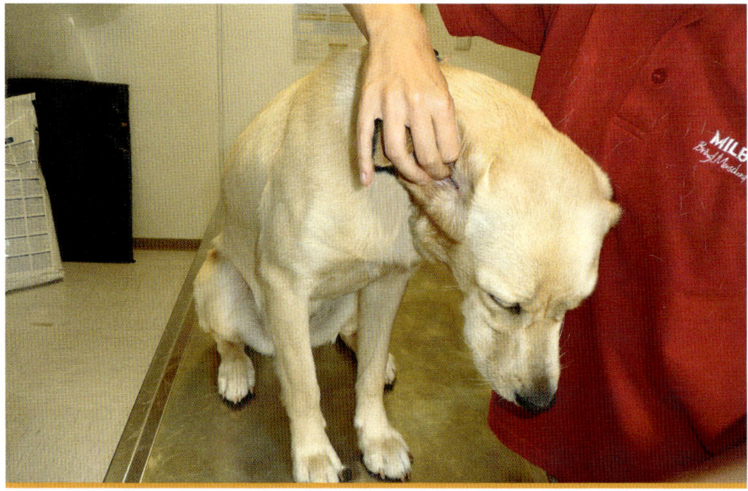

In manchen Situationen ist ein Kommando fehl am Platz.

Motivation

Und somit kommen wir schon zum nächsten wichtigen Punkt einer guten Trainingsvorbereitung, der Motivation. Ihr Hund lernt schneller, wenn er motiviert ist, das zu tun, wozu Sie ihn auffordern. Deshalb sollten Sie herausfinden, wodurch Sie ihn motivieren können, das kann ein Spielzeug sein oder auch Leckerchen. Die meisten Hunde lassen sich über Futter sehr gut motivieren. Es sollte aber etwas wirklich Besonderes sein, etwas, das Ihr Hund sehr gern frisst, nicht nur sein normales Futter. Sie können zum Beispiel Würstchen- oder Käsestücke verwenden.

Wenn Sie Futterbelohnungen verwenden, müssen Sie auf das Gewicht Ihres Hundes achten und die gegebene Menge bei der Einteilung der normalen Futterration berücksichtigen. Die Leckerchen dienen nicht nur dazu, den Hund zu belohnen, sondern auch, ihn in eine gewünschte Position zu locken, zum Beispiel bei den Kommandos „sitz", „Platz" oder „bei Fuß". Die Futterbelohnung soll keine Süßigkeit für den Hund sein, sie wird als Belohnung eingesetzt und muss verdient werden. Manchmal verwenden wir gebackene Leberkekse, sie wirken wahre Wunder!

Probieren Sie es aus, hier ist das Rezept:

Zutaten:
450 g Leber, 900 g Mehl,
1 – 2 Eier, evtl. etwas Milch.

Zubereitung:
Man püriert die Leber, mischt sie mit dem Mehl und fügt die Eier hinzu. Man kann auch etwas Milch dazugeben. Dann füllt man die Masse in eine leicht eingefettete Kuchenform und backt sie ca. 20 Minuten. Nach dem Abkühlen schneidet man kleine Stücke (etwa so groß wie ein Daumennagel), die man auch gut einfrieren kann. Zum Auftauen nimmt man die Kekse etwa eine halbe Stunde vor dem Training aus dem Gefrierfach und legt sie auf einem Teller einzeln aus.

Die meisten Hunde – und zwar selbst die beim Futter eher wählerischen – lieben übrigens Pfannekuchen. Auch diese sind schnell selbst zubereitet und lassen sich in Stücke geschnitten gut mit ins Training nehmen. ☺

Nach dem zuverlässigen Absitzen am Wegesrand erhält der Hund eine Futterbelohnung.

Einige Leute halten Futterbelohnung für Bestechung. Wir sehen sie als Bezahlung für eine gut erledigte Arbeit an. Schließlich werden wir nicht bestochen, wenn wir zur Arbeit gehen, sondern bezahlt. Die Leckerchen werden nur dann zur Bestechung, wenn sie von Ihnen falsch eingesetzt werden, zum Beispiel, indem Sie Ihrem Hund eine Wurst vor die Nase halten, während zum Beispiel ein Jogger vorbei läuft, dem er eigentlich gern hinterher jagen würde. In diesem Fall hat der Hund den Jogger nämlich nur deshalb nicht verfolgt, weil er sich auf die Wurst konzentriert hat, was wiederum bedeutet, dass er es tun wird, sobald Sie nicht mit einer Wurst vor ihm herumwedeln. Viel besser wäre, Sie bringen Ihrem Hund bei, dass er sich auf Ihr Kommando hin absetzt oder bei Ihnen stehen bleibt, bis der Jogger vorbei gelaufen ist, und dafür dann ein Leckerchen bekommt, das Sie auch erst jetzt aus der Tasche holen.

Manchmal sind Hundehalter darüber besorgt, der Hund gehorche dann nur noch, wenn man Leckerchen dabei hat – und ergo nicht mehr, wenn man diese mal vergisst. Aber dem ist nicht so, wenn Sie nach dem Schema der variablen Bestätigung arbeiten. Dies bedeutet, dass Sie anfangs jede gewünschte Handlung mit Futter belohnen, bei komplexeren Handlungen auch einzelne Übungsschritte. Etwa 10 – 14 Tage, nachdem Ihr Hund die Übung gut beherrscht, fangen Sie an, die Leckerchen zu redu-

zieren. Hören Sie aber nicht ganz auf damit, sondern belohnen Sie von nun an nur noch sehr gute Reaktionen auf Ihr Handzeichen. Wenn sich die Leistung Ihres Hundes so weit verbessert hat, dass er jedes Mal sehr gut reagiert, belohnen Sie ihn in unregelmäßigen Abständen (man spricht von variabler Bestätigung), so dass er nie weiß, wann er etwas bekommt. So bleibt er immer in freudig gespannter Erwartung und Verhaltensstudien belegen, dass diese die besten Trainingsergebnisse hervorbringt. Ihr Hund wird sich immer bemühen, das Richtige zu tun, um dieses Mal eventuell wieder etwas zu bekommen. Denken Sie aber daran, nicht zu selten zu belohnen, denn wenn das Verhältnis zwischen erbrachter Arbeit und gerechtem Lohn zu sehr hinkt, sinkt die Motivation!

Die beste Belohnung ist das, was der Hund in diesem Moment am liebsten hätte oder tun würde.

Eine weitere Motivationsart besteht darin, den Hund das tun zu lassen, was er jetzt am liebsten tun möchte. Wenn Sie also im Hochsommer am Fluss spazieren gehen und Ihr Hund schon sehnsüchtig Richtung Wasser schaut, lassen Sie ihn ein oder zwei Kommandos ausführen und gehen Sie dann zur Belohnung mit ihm zum Ufer und erlauben Sie ihm, baden zu gehen. Zeigen Sie ihm durch den entsprechenden Gesichtsausdruck, wie sehr Sie sich für ihn freuen, wenn er im kühlen Wasser schwimmt.

Im Laufe der Jahre haben wir viele Hunde kennen gelernt, die die unterschiedlichsten Dinge „am liebsten" taten. Für Jule, eine mittelgroße Mischlingshündin, war eine ausgelegte Fährte die höchste Form der Belohnung, denn sie liebte Nasenarbeit über alles. Barry, ein Golden Retriever, liebte es, geworfenen Dummies hinterher zu jagen und diese zu apportieren. Er tat das nicht, weil er dafür eine Belohnung bekam, sondern die Arbeit an sich war für ihn Belohnung. Er war so begeistert von dieser Aufgabe, dass er angebotene

Leckerchen gar nicht wollte. Und für Gerda, eine Deutsch Drahthaarhündin, war Kuscheln das Tollste. Für Streicheleinheiten und liebevolles Gemurmel ihres Herrchens ließ sie jedes Leckerchen liegen. Nun finden Sie heraus, was Ihr Hund am liebsten mag – viel Spaß dabei! ☺

Lob und Tadel

Besitzer hörender Hunde können ihren Hund einfach durch ihren Tonfall belohnen oder tadeln. Das geht bei gehörlosen Hunden nicht, aber auch für sie ist es wichtig zu wissen, ob sie etwas richtig oder falsch gemacht haben. Deshalb müssen Sie, wie schon erwähnt, ein Zeichen für „Braver Hund, so ist es gut!“ und „Das ist nicht o.k.“ haben.

Den Hund für eine erwünschte Handlung zu loben ist relativ einfach. Ein freudiger Gesichtsausdruck, der zeigt, dass Sie im siebten Himmel sind, ein Handzeichen, zum Beispiel ein nach oben zeigender Daumen, und vielleicht ein liebevolles Streicheln zeigen Ihre Zufriedenheit. Beim Training können Sie mit diesem Handzeichen eine Futterbelohnung oder ein Spiel mit seinem Lieblingsspielzeug verbinden, um ihm mitzuteilen, dass er seine Sache gut gemacht hat.

Geste für „Gut!“ (oben) und „Das ist nicht o.k.“ (unten).

Ihr Hund befindet sich im Lernprozess, welche Handlungen „gut“ und welche „nicht o.k.“ sind. Helfen Sie ihm dabei, indem Sie ihm über das entsprechende Handzeichen mitteilen, wie Sie seine Handlung bewerten. Sie müssen natürlich ein möglichst exaktes Timing entwickeln, damit Ihr Hund erkennt, was genau Sie nun gut oder nicht gut fanden, aber das gilt für gesprochenes Lob ebenso.

Natürlich wird es Zeiten geben, in denen Ihr Hund Unsinn im Kopf hat und Dinge anstellt, die er nicht tun soll. Daher müssen Sie die Möglichkeit haben, ihm mitzuteilen, wann er eine von Ihnen unerwünschte Handlung zeigt. Bei einem hörenden Hund ist ein verbaler Tadel normalerweise ausreichend, zumindest wenn die Stimme richtig eingesetzt wird. Sie kann variiert werden und teilt dem Hund über die gewählte Tonlage mit, wie stark oder weniger stark verärgert Sie über sein Verhalten sind. Diese Möglichkeit haben Sie jedoch bei einem tauben Hund nicht und deshalb brauchen Sie eine Alternative. Wir verwenden zwei Stufen für den Tadel:

Die Ermahnung

Sie brauchen ein Handzeichen, das Ihrem Hund mitteilt, dass die gerade von ihm gezeigte Handlung nicht erwünscht ist. Wir verwenden den erhobenen Zeigefinder, den wir hin- und herbewegen, so in der Art, wie man einem kleinen Kind mitteilt, dass es etwas lassen soll. Diese Handbewegung wird mit einem ernsthaften Gesichtsausdruck kombiniert. Wenn Sie Ihren Hund verdrießlich ansehen und sich leicht nach vorne beugen, wenn er etwas Falsches tut (eine bedrohliche Haltung für einen Hund), lernt er schließlich, dass das, was er tut, unerwünscht ist. Barrys Lady wusste zum Beispiel immer ganz genau, dass ein gehobener Zeigefinger bedeutete, sie sollte unterlassen, was auch immer sie gerade tat...

Nehmen Sie aber gleich wieder eine entspannte Körperhaltung ein, wenn Ihr Hund diese unerwünschte Handlung unterbricht. So teilen Sie ihm mit, dass alles wieder in Ordnung ist. Ein „Nachmaulen" verstehen Hunde nicht; sie würden damit nur erreichen, dass Ihr Hund nicht klar unterscheiden kann, wann genau er sich richtig verhalten hat und wann nicht.

Die Korrektur

Die Korrektur ist der letzte Ausweg und sollte nur eingesetzt werden, wenn die Unterbrechung des unerwünschten Verhaltens durch die Ermahnung oder ein moderates Eingreifen Ihrerseits fehlgeschlagen ist. Hierzu können Sie zum Beispiel schnellen Schrittes und mit finsterer Miene gerade auf Ihren Hund zulaufen und ihm gestikulieren, dass es nun wirklich reicht!

Je nach Situation können Sie ihn auch am Geschirr nehmen und vom Ort des Geschehens entfernen. Hierbei ist aber wichtig, dass Sie ihn nicht plötzlich und aus einem Winkel kommend anfassen, aus dem er Sie nicht sehen kann, denn dies könnte durch den ausgelösten Schreck zu Abwehrmaßnahmen führen.

Die schlimmste Form der Bestrafung ist die Trennung des Hundes vom Rest des „Rudels" und deshalb sollte diese Form der Korrektur auch nur sehr (!) selten angewendet werden. Gehen Sie in einen anderen Raum, schließen Sie die Tür und lassen Sie ihn einige wenige Minuten (nicht zu lange!) alleine. Wenn Sie ihn wieder heraus lassen, lenken Sie seine Aufmerksamkeit auf etwas, das er tun soll, und loben Sie ihn, wenn er es macht. So geben Sie ihm die Gelegenheit, etwas Richtiges zu tun und es stellt sich wieder eine positive Grundstimmung ein. Sehr wichtig: Keinesfalls sollten Sie diese Form der Korrektur bei sehr unsicheren Hunden oder Hunden mit Trennungsangst anwenden! Sie würden riskieren, dass sich Unsicherheit und/ oder Trennungsangst enorm verstärken!

Wirklich wichtig ist bei der Korrektur, dass Sie ohne Wut und ohne Gewalt durchgeführt wird! Selbstverständlich darf man einem Hund ruhig zeigen, dass man verärgert ist, und das Setzen von Grenzen gehört zur Erziehung ebenso wie das Bestätigen von erwünschtem Verhalten. Aber das darf niemals über physische oder psychische Gewalteinwirkung geschehen und dies gilt unabhängig davon, ob Ihr Hund hören kann oder nicht. Wenn Sie Ihren Hund mit der Hand, einer zusammengerollten Zeitung, der Leine oder Ähnlichem schlagen, riskieren Sie, dass er ängstlich und aggressiv wird. Tun Sie das nicht! Ihr Hund sollte Ihrer Hand vertrauen und sie nicht fürchten. Ein übermäßig häufiges und/oder lang anhaltendes Schimpfen verunsichert den Hund stark und kann im schlimmsten Fall zu einer erlernten Hilflosigkeit führen, was bedeutet, dass er sich überhaupt nicht mehr traut, irgendetwas zu tun, weil er befürchtet, alles könnte letztendlich zur Strafe führen. Wir haben – leider! – schon Hunde gesehen, die durch falsche Erziehung in diesen Zustand gebracht wurden. Es ist ein Anblick, der einem das Herz bricht...

Eine Grenzsetzung muss im Ausdrucksverhalten eindeutig sein, damit der Hund weiß, was gemeint ist.

Bestrafen oder tadeln Sie Ihren Hund niemals im Training, auch dann nicht, wenn er etwas falsch gemacht hat. Das Training muss angenehm sein und Spaß machen, damit Ihr Hund angstfrei und sicher lernen kann. Hat Ihr Hund im Training Angst vor einer eventuellen Bestrafung, steigt sein Stresslevel, er fürchtet sich vor Ihnen und dem Unterricht. Eventuell wird er auch hier gar keine Handlungen mehr anbieten, weil er Angst davor hat, für Falsches bestraft zu werden.

Dann gibt es noch die Ausnahmesituation, die immer dann eintritt, wenn Ihr Hund etwas absolut Inakzeptables, eventuell sogar für ihn Gefährliches tut. Will er zum Beispiel gerade ein Stromkabel anknabbern, müssen Sie das verhindern. Am effektivsten ist hier eine Korrektur, die „aus dem Nichts" kommt – also vom Hund nicht mit Ihnen in Verbindung gebracht wird. Wenn er zum Beispiel etwas vom Tisch klauen will, können Sie ihn kurz mit einem gezielten Schuss in den Schulterbereich aus einer Wasserpistole erschrecken. Verstecken Sie die Pistole dann aber sofort hinter Ihrem Rücken und machen Sie ein unbeteiligtes Gesicht, damit er nicht merkt, dass Sie der Auslöser für das unangenehme Nass sind. Sonst würde er nur lernen, dann nicht mehr zu klauen, wenn Sie in der Nähe sind. Aber nochmals sei gesagt, dass diese Methode nur für den absoluten Notfall gedacht ist und keinesfalls häufig oder geschweige denn für mehrere verschiedene Handlungen eingesetzt werden sollte!

Handlungen, die für den Hund gefährlich werden können, müssen ***sofort*** *unterbunden werden.*

Allgemeine Überlegungen zur Ausbildung

Planung und Aufzeichnung

Bevor man mit dem Training beginnt, sollte man sich Zeit für die Planung nehmen und überlegen, wie man vorgehen möchte. Am besten geht dies, indem man ein Trainingstagebuch führt, in dem man zunächst notiert, welche Ausbildungsziele man für sich und seinen Hund setzt und wie man sie erreichen möchte. Wenn Sie dann mit dem Training beginnen, tragen Sie nach den Übungen und Spaziergängen ein, was besonders gut oder eben gar nicht gut geklappt hat, was Sie glauben, woran das lag usw. Auch Krankheiten Ihres Hundes, den Impftermin und die Entwurmungen sollten Sie aufschreiben. Wenn Sie das Tagebuch gewissenhaft führen, entsteht so ein Stück gemeinsamer Geschichte in Schriftform und Sie haben den Vorteil, dass sich Fehler anhand der Aufzeichnungen leichter finden lassen. Und sollten Sie einmal frustriert sein, weil Sie glauben, Ihr Hund mache gar keine Fortschritte, dann hilft Ihnen das Lesen im Tagebuch meist schnell, diese Sichtweise zu relativieren.

Eigenmotivation und Geduld überprüfen

Überprüfen Sie sich selbst, wie motiviert und gleichzeitig aber auch geduldig Sie in das bevorstehende Training gehen. Denn Sie werden einerseits sicher viel Spaß bei der Ausbildung Ihres Hundes haben und sich über sein zunehmendes Können freuen, aber es wird andererseits auch Zeiten geben, in denen Sie eher frustriert sind, weil das von Ihnen

geplante und sorgfältig vorbereitete Training doch nicht so klappt, wie Sie es sich vorgestellt haben. Außerdem werden Sie feststellen, dass sowohl Sie selbst als auch Ihr Hund gute und schlechte Tage haben und die Konzentration und die Lust am Lernen nicht immer gleich sind. An diesen weniger guten Tagen gilt es, ruhig zu bleiben und das Training – am besten mit heiterer Gelassenheit – abzubrechen. Morgen geht es bestimmt wieder besser. ☺ Es gibt keine Abkürzungen, schnellen Lösungen oder Zauberformeln, aber es wird sich zunehmend lohnen!

Wann sollten Sie mit dem Training beginnen?

Am besten gleich! Erziehung ist nichts anderes als das Aufstellen von Regeln, deren Befolgen den Alltag erleichtern. Warum also sollte man den Hund erst etwas Falsches tun lassen, um ihn dann wieder mühsam umlernen zu lassen?! Selbstverständlich müssen die Übungen im Schwierigkeitsgrad dem Alter und dem Lernvermögen des Hundes angepasst sein – ein Welpe kann sich zum Beispiel nur sehr kurz konzentrieren und ein sehr gestresster Hund ebenfalls. Hier liegt es an Ihnen, das gewünschte Trainingsziel in sehr kleinen Übungseinheiten vorzubereiten.

Apropos Welpen: Früher hat man angenommen, dass ein Hund nicht trainiert werden sollte, bevor er sechs Monate oder sogar ein Jahr alt ist. Heute weiß man, dass das viel zu spät ist. Überlegen Sie nur, wie viele schlechte Angewohnheiten er in dieser Zeit bereits annehmen kann, wenn er nicht korrigiert wird. Das Sprichwort „Vorbeugen ist besser als Heilen" gilt für die Hundeerziehung ebenso wie für alles andere. Außerdem hat ein Hund im Alter von sechs bis zwölf Monaten schon sehr eigene Vorstellungen davon, was er tun oder auch nicht tun möchte. Er entwickelt in diesem Alter bereits sexuelle Reife; Rüden können sich paaren und Hündinnen werden erstmals läufig. Gerade jetzt mit der Erziehung beginnen zu wollen, wäre nicht von Vorteil!

Man geht davon aus, dass das Verhalten eines Hundes in den ersten Wochen seines Lebens besonders nachhaltig beeinflusst wird. Je mehr richtige Dinge er also als Welpe (kennen)lernt, desto besser benimmt er sich als erwachsener Hund. Daher beginnen Sie mit der Erziehung am besten an dem Tag, an dem er bei Ihnen einzieht – oder am Tag darauf – indem Sie ihm erklären, was erlaubt und was verboten ist. Seien Sie aber nicht zu streng!

Mit Ausbildungskursen beginnen Sie beim Welpen am besten, wenn er sein Impfprogramm im Alter von etwa 12 oder 13 Wochen abgeschlossen hat, oder früher, wenn Ihr Tierarzt dies erlaubt. Achten Sie aber unbedingt darauf, dass er nicht überfordert wird! Ein Hund in diesem Alter kann sich wirklich nur kurz (wenige Minuten) konzentrieren.

Wie lange wird die Ausbildung dauern?

Diese Frage wird uns wohl am häufigsten gestellt und trotzdem können wir sie nicht beantworten, denn das ist von vielen Faktoren abhängig:

- Wie gut sind Sie als Lehrer?
- Wie hoch sind Ihre Ziele gesteckt?
- Wie schnell lernt Ihr Hund?
- Wie schnell lernen Sie?
- Kommt er mit seiner Gehörlosigkeit zurecht oder macht sie ihm Probleme?
- Wie viel Zeit haben Sie für Ihren Hund?
- Wie innig verbringen Sie ihre gemeinsam verbrachte Zeit?
- Und vieles mehr...

Wahrscheinlich wird es länger dauern als bei einem hörenden Hund, den Sie auf Distanz über Ihre Stimme beeinflussen können. Allerdings haben wir auch unter den gehörlosen Hunden schon solche trainiert, die wirklich sehr schnell begriffen haben, was man von ihnen erwartete, und die viel Spaß am Training hatten. Oftmals ist auch erstaunlich, wie

gut ein tauber Hund seine Taubheit kompensiert, so dass der Halter erst nach Wochen oder sogar Monaten des Zusammenlebens bemerkt, dass er nicht so reagiert wie andere Hunde. Bleiben Sie also einfach dran und stellen Sie sich auf das Tempo Ihres Hundes ein, denn erzwingen kann man eh nichts.

Noch ein Tipp: Halten Sie die Übungseinheiten kurz, trainieren Sie nicht länger als drei oder vier Minuten am Stück, eventuell sogar noch kürzer, indem Sie einfach nur eine Übung machen und dann wieder aufhören. Das tun Sie aber mehrfach täglich und in den unterschiedlichsten Situationen, an verschiedenen Orten und mit langsam steigendem Ablenkungsgrad. Nutzen Sie einfach sich bietende Gelegenheiten, zum Beispiel wenn Sie in der Küche darauf warten, dass das Wasser kocht. Lassen Sie Ihren Hund in dieser Zeit ein, zwei kleine Übungen machen und belohnen Sie ihn dann dafür.

Die Übungseinheiten sollen Ihnen und Ihrem Hund Spaß machen, betrachten Sie sie daher nicht als lästige Pflicht. Belohnen Sie Ihren Hund am Ende jeder Übungseinheit, indem Sie ihm ein Leckerchen geben oder das Lieblingsspielzeug hervorholen.

Vermeiden Sie hingegen lang anhaltendes Exerzieren in immer gleichen Abläufen am immer gleichen Ort. Sie langweilen den Hund schnell und bringen nicht den gewünschten Trainingserfolg im Alltag. Wenn Ihr Hund zum Beispiel weiß, dass Sie immer Dienstag Abend und Samstag Nachmittag mit ihm zum Training gehen und zwar immer auf den gleichen Hundeplatz, auf dem dann die immer gleichen Übungsabläufe abgefragt werden, wird er das Programm bald „wie im Schlaf" abspulen – aber nicht verstehen, dass einzelne Elemente dieses Übungsprogramms in ganz anderer Umgebung auch funktionieren sollen.

Zubehör

Sie benötigen für das Training folgende Dinge:

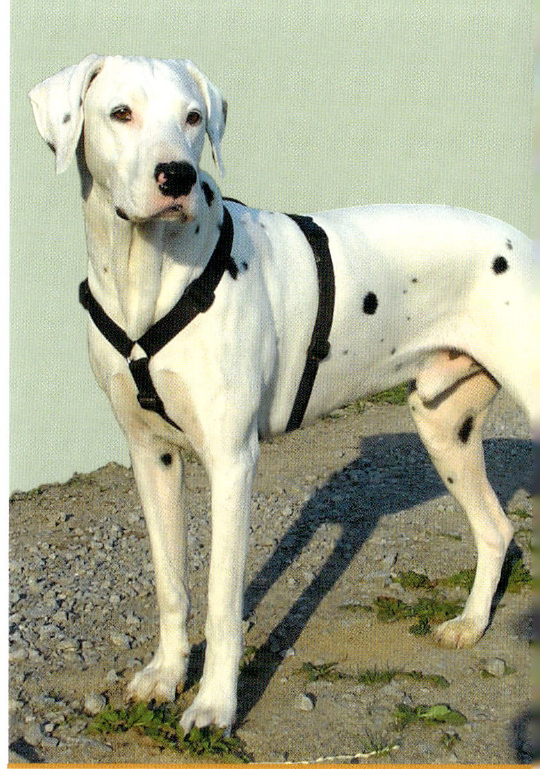

Ein gut sitzendes Brustgeschirr aus weichem Material, mit abgerundeten und der Körperform angepassten Verschlüssen und diversen Verstellmöglichkeiten. Beim Kauf sollten Sie auf folgende Punkte achten:

- Das Material, aus dem das Geschirr gefertigt ist, sollte weich und anschmiegsam sein. Am besten auch waschbar, falls sich Ihr Hund einmal in etwas übel Riechendem wälzt.
- Das Geschirr sollte an allen Enden zu öffnen sein, damit es dem Hund bequem angelegt werden kann. Wählen Sie möglichst kein Geschirr, das so vernäht ist, dass Sie die Pfote(n) Ihres Hundes hindurchziehen müssen, denn viele Hunde empfinden das als sehr unangenehm.
- Der Steg auf dem Rücken sollte fest vernäht sein, damit die an ihm eingehängte Leine nicht hin und her rutscht und damit es keine Scheuerstellen am Körper gibt. Außerdem sollte er nicht zu kurz sein, da sich das gesamte Geschirr sonst beim Tragen nach vorne zieht.
- Zwischen den Bändern, die seitlich über den Rumpf des Hundes laufen, und der Achselhöhle sollte bei mittelgroßen bis großen Hunden eine Hand breit Platz sein, da sich das gesamte Geschirr sonst beim Tragen nach vorne unter die Achselhöhlen zieht und dort einschneidet und scheuert. Bei kleinen Hunden wie Dackel oder Chihuahua reicht eine Breite von ein bis zwei Fingern aus.

- Die Bänder, aus denen das Geschirr gefertigt ist, dürfen nicht zu schmal sein. Ist die Auflagefläche der Bänder nämlich nicht breit genug, können sie einschneiden.
- Die Verschlussschnallen sollten abgerundet sein und sich der Körperform anpassen.
- Wenn Sie das Geschirr angelegt haben, achten Sie darauf, dass es nicht zu eng sitzt, denn sonst drückt es schmerzhaft auf die Wirbelsäule. Sie sollten mit Ihrer Hand unter das Geschirr gleiten können, dann sitzt es richtig.
- Stellen Sie das Geschirr so ein, dass es nicht vorne auf den Brustbeinknochen drückt.
- Über Nacht oder bei längeren Aufenthalten zu Hause sollten Sie das Geschirr abnehmen.

Eine **drei Meter lange Leine**, die es dem Hund erlaubt, sich links und rechts am Wegesrand zu orientieren, ohne gleich in den Zug zu kommen. Gerade da ein tauber Hund häufiger an der Leine laufen muss als ein hörender, ist es um so wichtiger, ihm das so angenehm wie möglich zu gestalten. Zusätzlich sollten Sie noch eine so genannte **Schleppleine** von acht bis zehn Meter Länge haben, die Sie einerseits beim Einüben

drei Meter Leine

Schleppleine

der Rückrufkommandos einsetzen und andererseits in Gegenden einsetzen können, in denen Ihr Hund nicht fei laufen darf oder der Freilauf zu gefährlich wäre.

Ein **Spielzeug**, das zur Motivation eingesetzt werden kann. Es sollte nicht zu groß sein, damit der Hund es tragen kann, und nicht zu klein, damit er es nicht versehentlich verschluckt. Außerdem sollte es gut verarbeitet sein, so dass es nicht gleich kaputt geht. Gut geeignet sind zum Beispiel ein Zottel oder ein Kong. Sie können aber auch einen Teddy, eine Puppe oder etwas anderes nehmen.

Eine **leckere Futterbelohnung**, die Ihren Hund wirklich begeistert. Geben Sie sich Mühe! Finden Sie heraus, was er am allerliebsten frisst. Käse? Wurst? Getrockneter Pansen? Nehmen Sie davon ausreichend viel mit und zusätzlich noch Leckerchen „zweiter Wahl". So können Sie die Belohnung steigern, indem Sie bei guter Leistung die guten Leckerchen geben und bei sehr guter die Lieblingsleckerchen.

Eine **Taschenlampe**, die als Lichtsignal eingesetzt werden kann. Eine genaue Beschreibung, wie Sie ein solches Lichtsignal eintrainieren, finden Sie im nächsten Kapitel.

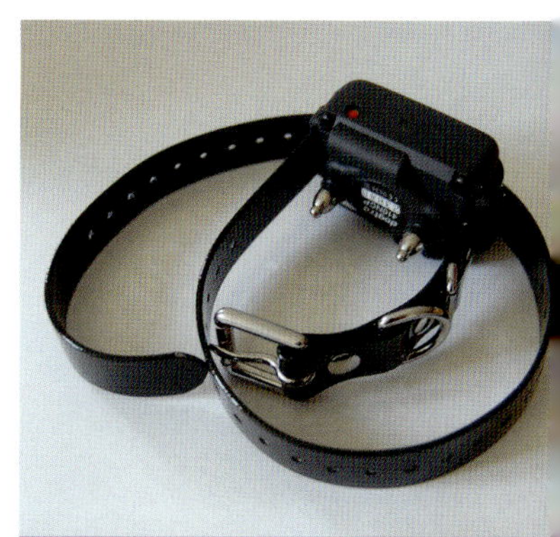

Ein **Vibrationshalsband**, das Sie im Fachhandel erhalten. Allerdings sollten Sie darauf achten, dass es wirklich nur vibriert und über keine Funktion für auszulösende Stromschläge verfügt, denn leider ist es häufig so, dass Vibrationshalsbänder in erster Linie von Händlern angeboten werden, die auch mit Elektroreizgeräten zum Einsatz von Stra-

fe arbeiten. Hier wird die Vibrationsstufe als konditionierte Warnung eingesetzt, der dann der schmerzhafte Stromschlag folgt. Sie können sich sicher denken, dass wir absolute Gegner von solchen Umgangsmethoden mit jeglichem Hund und insbesondere mit einem gehörlosen sind! Nach umfangreichen Recherchen haben wir überhaupt nur ein reines Vibrationshalsband gefunden, das Sie unter der Warenbezeichnung Dogtrace d-control 440 erhalten.

Zusätzlich gibt es für handwerklich Begabte noch eine Anleitung zum Selbstbau unter www.leveste.de/dalmaweb/televib.htm

Im nächsten Kapitel finden Sie eine genaue Beschreibung zum Trainingsaufbau mit einem Vibrationshalsband, an die Sie sich unbedingt peinlich genau halten sollten. Sollten Sie zum ersten Mal damit arbeiten, empfehlen wir, einen erfahrenen Trainer zu Rate zu ziehen!

Selbstverständlich finden Sie auf unserer Liste keine Würge- oder Stachelhalsbänder, Moxonleinen oder Elektroreizgeräte, denn sie fügen dem Hund Schmerzen zu, und abgesehen davon, dass Sie diese Sachen einfach nicht brauchen, kann deren Verwendung zu ernsthaften Verletzungen oder sogar zum Tod Ihres Hundes führen. Sie sollten daher unter keinen Umständen eingesetzt werden! Auch den Einsatz von Sprühhalsbändern lehnen wir strikt ab. Die Gründe hierfür sind vielfältig und können unter www.animal-learn.de nachgelesen werden.

Grundlegendes zur Ausbildung

Im Allgemeinen wird bei der Ausbildung von Hunden gewünschtes Verhalten gelobt und unerwünschtes ignoriert, es sei denn, es handelt sich um ein Fehlverhalten, das unterbrochen werden muss. Auch bei dem von uns beschriebenen Trainingsprogramm wird der Hund entweder belohnt oder die Belohnung bleibt aus, wenn er die Übung nicht richtig macht. Somit lernt er schnell, welche Handlung zum Erfolg führt und welche nicht, und wird sein Verhalten dementsprechend verändern.

Bei den folgenden Übungen sollten Sie den Hund nicht anfassen, um ihn in die gewünschte Position zu bringen. Der Hund soll nicht in eine Position gedrückt, gezogen, gepresst oder gequetscht werden, denn wenn Sie ihn zum Beispiel in die „sitz“- oder „Platz“-Position drücken, können Sie das Verhalten nicht mit einem Handzeichen verstärken. Abgesehen davon wird er es als unangenehm empfinden und mit der Übung somit Negatives verknüpfen und/ oder Angst vor ihr (oder vor Ihnen!) entwickeln.

Wenn Ihr Hund eine von Ihnen erwünschte Handlung aus eigenem Antrieb zeigt, sollten Sie das keinesfalls als selbstverständlich ansehen und einfach hinnehmen. Bestätigen Sie ihn in seinem Tun durch eine Belohnung und verknüpfen Sie die Handlung mit einem Handzeichen.

Und noch einmal, weil es so wichtig ist: Seien Sie nicht zu ehrgeizig und ungeduldig! Ihr Hund braucht Zeit. Seien Sie ein guter Lehrer und führen Sie ihn Schritt für Schritt zum Erfolg. Erwarten Sie weder von ihm noch von sich selbst zu schnell zu viel, sonst endet das Training nur im Frust, was schade wäre, denn tatsächlich können Sie beide sehr viel Spaß zusammen haben und die gemeinsam erarbeiteten Erfolgserlebnisse können Sie noch enger zusammen schweißen. In diesem Sinne wünschen wir Ihnen beiden viel Freude beim Training! ☺

Das Training

Die Basis der gemeinsamen Arbeit: Blickkontakt!

Eine ganz wichtige Voraussetzung für das gemeinsame Arbeiten ist, dass es Ihnen gelingt, die Aufmerksamkeit Ihres Hundes auf sich zu lenken, wenn Sie es wünschen. Wenn Ihnen das nicht gelingt, können Sie ihn nicht ausbilden. Wenn es Ihnen aber gelingt, haben Sie die grundlegende Basis der gemeinsamen Kommunikation gelegt und somit auch die Basis für eine gute Beziehung, die wiederum eine der Voraussetzungen dafür ist, dass Ihr Hund bei Spaziergängen in Ihrer Nähe bleibt und immer mal wieder Kontakt mit Ihnen aufnimmt.

Es gibt mehrere Möglichkeiten einem Hund beizubringen, Blickkontakt herzustellen. Beschäftigen wir uns zunächst einmal mit dem von ihm ausgehenden Blickkontakt, was bedeutet, dass Ihr Hund immer mal wieder zu Ihnen schaut, ohne ausdrücklich dazu aufgefordert worden zu sein. Das erreichen Sie zum einen dadurch, dass Sie eine gute Bindung zu ihm aufbauen und er somit aus sich heraus das Bedürfnis entwickelt, Ausschau nach Ihnen zu halten. Wenn er das tut, können Sie ihn über ein freundliches Streicheln oder eine andere kleine Belohnung in diesem Verhalten bestätigen. Eine gute Übung hierzu ist zum Beispiel, dass Sie mit ihm ohne Leine in den (eingezäunten) Garten gehen und einfach abwarten, bis er einmal zufällig zu Ihnen schaut. Sobald er dies tut, winken Sie ihn mit einem fröhlichen Gesichtsausdruck und einem Leckerchen in der Hand zu sich heran, das er umgehend erhält,

wenn er bei Ihnen angekommen ist. Es sollte natürlich ein ganz besonders gutes Leckerchen sein, das auf seiner „Hitliste der leckersten fressbaren Dinge“ ganz oben steht! Diese Übung wiederholen Sie einige Male, bis Sie erreicht haben, dass er regelmäßig zu Ihnen herüber schaut. Passen Sie aber auf, dass Sie nicht so viel daran arbeiten, dass Ihr Hund nur noch zu Ihnen schaut und kein Interesse mehr an normalem Erkundungsverhalten zeigt, immer in der Hoffnung, gleich wieder ein tolles Leckerchen zu erhaschen. Ein anderes unerwünschtes Ergebnis wäre, dass Ihr Hund nach einiger Zeit gar kein Interesse mehr an der Übung hat, weil sie ihn nach der x-ten Wiederholung nur noch langweilt. Auf das gesunde Mittelmaß kommt es also an!

Um einen Weg zu finden, die Aufmerksamkeit Ihres Hundes auch dann auf sich zu ziehen, wenn er gerade nicht in Ihre Richtung schaut, braucht es etwas mehr Einfallsreichtum. Auch hier gibt es wieder mehrere Möglichkeiten, aber bitte bedenken Sie, dass keine davon immer und garantiert funktioniert, so wie ja auch ein hörender Hund nicht immer 100% zuverlässig kommt, wenn man ihn ruft! Das erwähnen wir deshalb so ausdrücklich, weil uns häufig Halter von tauben Hunden frustriert und enttäuscht fragen, wie sie einen am besten 150%igen zuverlässigen Gehorsam erreichen, damit ihrem Hund bloß nichts passiert. Unsere Antwort darauf ist immer die gleiche: Gar nicht! Kein Hund – ob nun taub oder nicht – gehorcht immer! Mit anderen Worten: Passen Sie auf, dass Sie an Ihren gehörlosen Hund nicht höhere Erwartungen setzen als an einen hörenden, denn dann sind Sie zum Scheitern verurteilt und das Training wird weder Ihnen noch Ihrem Hund Freude bereiten! Grundsätzlich muss man jeden Hund so führen und sichern, dass ein Ungehorsam – aus welchen Gründen auch immer – nicht gleich zu einem enormen Sicherheitsrisiko führt. Lassen Sie ihn also nicht in der Nähe von befahrenen Straßen oder Eisenbahnschienen laufen, kalkulieren Sie beim Heranholen mit ein, dass Ihr Hund vielleicht einen Moment braucht, ehe er kommt usw.

Die „wackelnde“ Leine

Ein sanftes Wackeln an der Leine erregt die Aufmerksamkeit Ihres Hundes.

Wenn Ihr Hund an der Leine ist, aber ein Stück weit vor Ihnen läuft, können Sie seine Aufmerksamkeit erregen, indem Sie die Leine vorsichtig in Schwingung bringen. Rucken Sie aber keinesfalls an der Leine und reißen Sie Ihren Hund nicht zu sich heran, denn das ist für ihn sehr unangenehm und kann ihn einschüchtern! Das Ziel der „wackelnden“ Leine ist, dass Ihr Hund sich nach Ihnen umschaut, weil er sich fragt, wer diese Schwingung verursacht hat –, und für dieses Umschauen sofort mit Leckerchen und freudigem Gesichtsausdruck belohnt wird. Sie werden feststellen, dass Ihr Hund schon nach wenigen Durchgängen verstanden hat, dass er Blickkontakt aufnehmen soll, wenn Sie an der Leine wackeln.

Der Reissack oder das verknotete Taschentuch

Sie können auch ein mit Reis gefülltes Spielsäckchen oder ein verknotetes Taschentuch in die Blickrichtung Ihres Hundes werfen. Sehr wichtig: Keinesfalls soll Ihr Hund damit erschreckt oder womöglich sogar getroffen werden! Falls Sie kein guter Werfer sind, üben Sie bitte vorher, damit Sie beim Übungsaufbau auch wirklich nur in die Blickrichtung Ihres Hundes werfen. Die Idee ist, dass Ihr Hund sich wundert, woher dieses Säckchen oder verknotete Taschentuch kommt, und sich deshalb umschaut, Sie erblickt und dann heran gewunken und belohnt wird.

Die Taschenlampe

Eine andere Möglichkeit besteht darin, sein Interesse mit dem Strahl einer Taschenlampe zu wecken. Die Idee ist also die gleiche, der Hund schaut, woher der Strahl kommt, erblickt dabei Sie und wird dann heran gewunken und belohnt. Bei Hütehunden müssen Sie allerdings aufpassen, dass diese nicht vielmehr daran interessiert sind, den Strahl zu jagen oder zu hüten, als auf Sie aufmerksam zu werden.

Die Vibration

Sei können auch sachte (!) mit dem Fuß auf den Boden stampfen, besonders bei Holzböden funktioniert das recht gut, viel besser als bei Betonböden. Wenn Ihr Hund gegen einen Stuhl gelehnt liegt, klopfen Sie gegen den Stuhl, das wird seine Aufmerksamkeit erregen und hat den zusätzlichen Vorteil, dass Ihr Hund diese Störung (falls er sie als solche empfunden hat) mit dem Stuhl verknüpft und nicht mit Ihnen. Aber auch hier ist es wieder wichtig, dass Sie den Hund nicht erschrecken, weil sie zum Beispiel auf dem Boden herumtrampeln, sondern lediglich ein kurzes Signal setzen, das seine Aufmerksamkeit erregt.

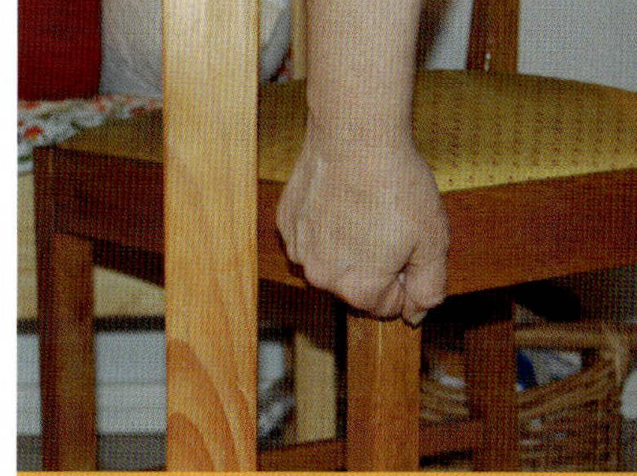

Schließlich gibt es noch die Möglichkeit, über ein Vibrationshalsband zu arbeiten. Es bietet den Vorteil, dass es auch auf große Distanzen funktioniert und Sie Ihren Hund nach einem entsprechenden Training auch dann noch erreichen, wenn er sich beim Toben und Erkunden ein weites Stück von Ihnen entfernt hat. Das Training hierzu erfordert jedoch Fingerspitzengefühl und sollte nur von einem sehr erfahrenen Hundehalter oder am besten von einem Trainer durchgeführt werden, der sich damit auskennt. Zunächst beginnt man damit,

dem Hund das ausgeschaltete Halsband zu zeigen und Leckerchen zu geben, wenn er es anschaut, beschnüffelt oder berührt. Als zweiten Schritt nimmt man das ausgeschaltete (!) Halsband mit dem Vibrationskästchen in die Hand und streift damit am Brustkorb des Hundes entlang, wofür er wieder ein Leckerchen bekommt. Dieser Vorgang wird mehrfach wiederholt. Dann wird das Gerät eingeschaltet und in der Hand gehalten. Wenn sich der Hund dafür interessiert, gibt es wieder Leckerchen. Auch dieser Vorgang wird mehrfach wiederholt. Dann berührt man den Hund mit dem vibrierenden Gerät am Brustkorb und gibt für diesen ersten Körperkontakt mit dem eingeschalteten Gerät viele tolle Leckerchen und Streicheleinheiten. Auch dieser Vorgang wird mehrfach wiederholt. Schließlich berührt man den Hund mit eingeschaltetem Gerät am Hals, belohnt hierfür und wiederholt auch diesen Vorgang mehrfach. Der Hund wurde nun an das Vibrieren mit sehr positiver Assoziation herangeführt. Jetzt gibt es zwei unterschiedliche Möglichkeiten, ihn zu trainieren.

Am häufigsten wird die Variante angewandt, bei der dem Hund beigebracht wird, auf Vibration zum Halter zu kommen. Das bringt man ihm bei, indem man ihm das Halsband umlegt, sich direkt vor ihn stellt, die Vibration auslöst und ihm ein Leckerchen gibt, sobald er schaut. Dann wiederholt man die Übung, während man vielleicht zwei bis drei Meter von ihm entfernt steht. Der Hund wird nach Wahrnehmen der Vibration zu seinem Halter schauen und anfangen, auf ihn zuzulaufen, da ja bei ihm die tollen Leckerchen sind. Dafür wird er gelobt und sofort bei Ankunft mit mehreren Leckerchen bestätigt. Diesen Vorgang wiederholt man mehrfach und fängt dann an, die Distanz zu vergrößern und die Ablenkungsreize zu steigern – bis der Hund schließlich auch bei hoher Ablenkung und/ oder großer Distanz zu seinem Halter läuft, sobald er die Vibration wahrnimmt.

ABER VORSICHT: Diese Art des Trainings birgt auch eine Gefahr in sich! Man muss stets darauf achten, dass die Vibration nur dann ausgelöst wird, wenn der Hund auch wirklich gefahrlos auf seinen Menschen zulaufen kann. Ansonsten bestünde das Risiko, dass er zum Beispiel in ein plötzlich auftauchendes Auto rennt, das er nicht gehört hat, während er artig heran kommt.

Deshalb empfehlen wir lieber eine andere Trainingsvariante, die zwar etwas aufwändiger einzuüben ist, dafür aber mehr Sicherheit für Ihren Hund bietet. Es geht darum, das Vibrationshalsband anzulegen und **gezielt nur seinen Blickkontakt zu belohnen**. Das erreichen Sie, indem Sie zunächst direkt vor ihm stehen bleiben, das Vibrieren auslösen und ihm, wenn er Sie anschaut, sofort das Leckerchen geben. Wiederholen Sie diesen Vorgang mehrfach.

Für den nächsten Schritt brauchen Sie eine **Hilfsperson**, die Ihren Hund an der Leine hält, sich sonst aber passiv verhält. Stellen Sie sich ca. drei Meter entfernt vor ihn hin, lösen Sie die Vibration aus und geben Sie augenblicklich das Handzeichen für „bleib", wenn er zu Ihnen schaut. Gehen Sie nun zu ihm herüber und geben Sie ihm das Leckerchen und loben Sie ihn. Wiederholen Sie diesen Trainingsschritt mehrfach, und wenn Sie sicher sind, dass Ihr Hund Sie zuverlässig anschaut, nachdem er das Vibrieren wahrgenommen hat, variieren Sie die Kommandos, die Sie ihm dann geben. Mal ein „sitz", ein anderes Mal das „bleib", wieder ein anderes Mal lassen Sie ihn durch das entsprechende Handzeichen herankommen. Während der ganzen Zeit hat der Helfer den Hund an der Leine, wodurch ver-

hindert wird, dass er evtl. doch einfach zu Ihnen laufen würde, ohne ausdrücklich dazu aufgefordert worden zu sein. **Schon bald wird Ihr Hund verstanden haben, dass er zu Ihnen schaut und weitere Instruktionen entgegen nimmt, wenn er die Vibration wahrgenommen hat.** Erst nach deren Ausführung gibt es tolle Leckerchen. Jetzt können Sie die Übungen auch ohne Helfer trainieren und dann den Ablenkungsgrad und die Distanz steigern.

Wie gesagt, diese Trainingsvariante verhindert, dass Ihr Hund gleich auf Sie zuläuft und dabei eventuell Gefahren ausgesetzt wird. Befindet er sich zum Beispiel auf der anderen Seite einer Fahrbahn, erhalten Sie über die Vibration seine Aufmerksamkeit und können ihm dann über Handzeichen mitteilen, was genau Sie von ihm wollen. Dieses Training können Sie natürlich erst beginnen, wenn Sie die weiter unten angeführten Kommandos bereits mit ihm eingeübt haben.

Bitte nicht anfassen, um die Aufmerksamkeit zu erregen!

Egal, mit welcher der oben genannten Methoden (oder auch mehreren davon) Sie arbeiten, Sie sollten unbedingt vermeiden, die Aufmerksamkeit Ihres Hundes dadurch erregen zu wollen, dass Sie ihn anfassen. Dies gilt insbesondere, wenn er schläft oder wenn ihm nicht bewusst ist, dass Sie sich im Raum befinden. Wenn Sie Ihren Hund anfassen, während er darauf nicht vorbereitet ist, könnte er erschrecken, Angst bekommen und unter Umständen sogar schnappen. So kann es leicht zu Missverständnissen kommen, die dann zu Unfällen führen; und hier liegt auch das größte Risiko bei Familien mit kleinen Kindern. Wenn zum Beispiel ein Kind über den schlafenden Hund stolpert oder ihn – zwar in bester Absicht – streichelt, wenn er dies nicht erwartet, kann es durch den Schreck zu Abwehrreaktionen kommen. Die Eltern sollten den Umgang zwischen Kind und Hund deshalb beaufsichtigen und das Kind im Umgang mit dem vierbeinigen Hausgenossen gut einweisen. Das gilt im Grunde für alle Hunde – und ganz besonders für gehörlose.

Arbeiten Sie daran, dass Ihr Hund gern in Ihrer Nähe bleibt!

Der gemeinsame Spaziergang soll Mensch und Hund Spaß machen.

Arbeiten Sie daran, dass Ihr Hund gern in Ihrer Nähe bleibt, indem Sie ihm interessante Anreize dafür bieten. Eine Möglichkeit hierfür ist das kommunikative Spazierengehen. Damit ist gemeint, dass Sie den Spaziergang zu einem verbindenden Erlebnis machen, das Ihnen beiden Freude macht. Leider ist es oft so, dass der Mensch mit dem Handy telefoniert oder seinen Gedanken nachhängt, während er mit dem Hund draußen ist – und so kann keine wirkliche Gemeinschaft entstehen. Nehmen Sie sich stattdessen vor, die Zeit des Spaziergangs wirklich für Gemeinsamkeiten zu nutzen, zum Beispiel können Sie zusammen in einem Laubhaufen nach Leckerchen suchen, im Sommer im Wasser plantschen oder ein Rennspiel machen. Lassen Sie ihn auf etwas klettern oder tun Sie dies gemeinsam oder setzen Sie sich einfach zusammen ins Gras zum Kuscheln. Sehen Sie den gemeinsamen Spaziergang als die Zeit des Tages an, die nur Ihnen beiden gehört. Sie werden merken, dass das nicht nur Ihrem Hund gut tut, sondern auch Ihnen, und Sie werden feststellen, dass Ihr Hund viel lieber in Ihrer Nähe bleibt, eine viel intensivere Bindung zu Ihnen aufbaut, wenn er spürt, dass Sie beide wirklich gemeinsam unterwegs sind.

Zusätzlich können Sie tolle Aktionen einleiten, die Ihr Hund nur in Zusammenarbeit mit Ihnen erlebt. Basteln Sie ihm zum Beispiel einen **Würstchenbaum**, den er absammeln darf, oder bringen Sie ihm einfache Such- und Apportierspiele bei, mit denen er sich eine tolle Futterbelohnung verdienen kann. Das macht Ihnen beiden Spaß und nebenbei entkräften Sie die Argumente derer, die glauben, ein tauber Hund könne so etwas nicht lernen. ☺ Gerade bei der **Nasenarbeit** arbeiten gehörlose Hunde oft besonders sicher und zuverlässig, weil durch den Ausfall der einen Sinnesleistung die anderen Sinne umso geschulter sind!

Eine andere Möglichkeit besteht darin, während des Spaziergangs immer mal wieder mit einem **Spielzeug** mit ihm zu spielen. Nach einer kurzen Spielsequenz stecken Sie es wieder in die Tasche, und wenn Sie das Gefühl haben, eher uninteressant für Ihren Hund geworden zu sein, holen Sie das Spielzeug wieder hervor und spielen einen Augenblick mit ihm. Dadurch wird Ihr Hund lernen, in Ihrer Nähe zu bleiben, weil ja jederzeit eine Spielsequenz eingeleitet werden könnte. Außerdem macht es Spaß, mit Ihnen zusammen zu sein. ☺

Wichtig: Achten Sie aber unbedingt darauf, dass Sie die Sache nicht übertreiben! Ihr Hund soll ein freudiges Interesse an dem Spielzeug entwickeln – aber nicht so sehr darauf fixiert werden, dass er zum „Spieljunkie“ wird und nur noch an Ihrer Seite klebt! ☹

Die weiteren Kommandos

Hier zunächst ein Überblick über die wichtigsten Kommandos mit den entsprechenden Handzeichen:

„schau mal her" – Herankommen ohne Vorsitzen.

„weiter" – Der Hund soll in die mit der Hand angezeigte Richtung laufen.

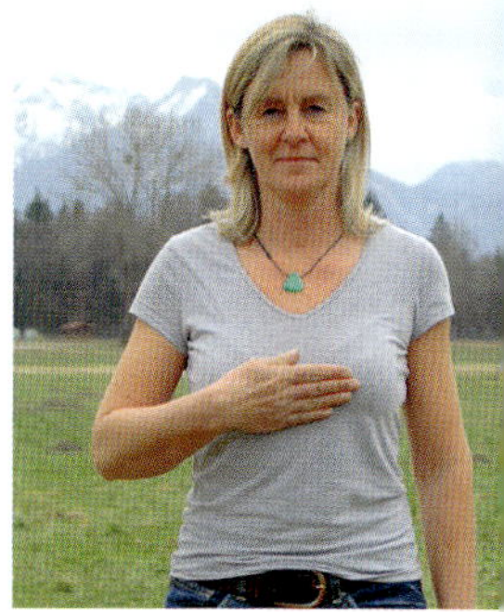

„zu mir" – Herankommen mit Vorsitzen.

„sitz" – absitzen und sitzen bleiben, bis das Kommando wieder aufgelöst wird.

„Platz" – hinlegen und liegen bleiben, bis das Kommando wieder aufgelöst wird.

„bleib" – der Hund soll am zugewiesenen Ort bleiben, bis er dort wieder abgeholt wird. Seine Körperposition darf er selbst auswählen!

„bei Fuß“ – der Hund soll locker an der Seite seines Menschen laufen, bis er aus dem Kommando wieder entlassen wird.

„Anleinen“ – durch die hoch gehaltene Leine wird dem Hund signalisiert, dass er jetzt kommen soll, um sich anleinen zu lassen.

„Nein“ – dem Hund wird signalisiert, dass man eine bestimmte Handlung nicht wünscht.

„schau mal her“ – Herankommen ohne Vorsitzen

Bei diesem Kommando soll der Hund zu Ihnen kommen, muss aber nicht vor Ihnen absitzen. Es kann gut eingesetzt werden, wenn man den Hund bei schlechtem Wetter oder unbequemem Untergrund (Kieselweg mit spitzen Steinen) ruft und/oder es einfach nicht notwendig ist, dass er sich setzt. Er soll sich lediglich mal kurz melden, das aber zuverlässig.

Halten Sie die Hand mit einem Leckerchen leicht seitlich vom Körper weg und winken Sie Ihren Hund heran. Sobald er kommt, wird er mit dem Leckerchen bestätigt. Befindet er sich in großer Entfernung, winken Sie mit hoch erhobenem Arm und senken Sie diesen, je näher Ihr Hund kommt.

„weiter“

Der Hund soll in die mit der Hand angezeigte Richtung laufen. Bei der Einübung dieses Kommandos ist es wichtig, dass Sie auch wirklich losgehen, nachdem Sie die Richtung angezeigt haben. Denn bleiben Sie stehen, während Sie dem Hund die Richtungsanzeige geben, senden Sie widersprüchliche Signale aus: Während das Handzeichen ausdrückt, dass Sie gehen möchten, sagt der Rest Ihrer Körpersprache, dass Sie noch verweilen. Wenn Sie aber das Handzeichen geben und sich dann in diese Richtung in Bewegung setzen, versteht Ihr Hund sofort, was gemeint ist.

„zu mir“ – Herankommen mit Vorsitzen

Dieses Kommando können Sie gut verwenden, wenn der Hund nicht nur zu Ihnen kommen, sondern auch einen Moment bei Ihnen verweilen soll, zum Beispiel um Jogger, Radfahrer oder einen Reiter vorbei zu lassen.

Das Sichtzeichen besteht aus Ihrer Hand, die deutlich sichtbar zum Brustkorb geführt wird. Sobald der Hund bei Ihnen angekommen ist, geben Sie ihm das Zeichen für **„sitz“**. Behalten Sie die Hand am Brustkorb, um zu zeigen, dass das Kommando noch gilt. Dann lösen Sie Ihren Hund aus dem Kommando, indem Sie ihm mit dieser Hand signalisieren, dass er wieder gehen kann. Erst jetzt bekommt er das Leckerchen. Anfangs sollte der ganze Ablauf relativ zügig von statten gehen, damit Ihr Hund sich erst mal an die Kombina-

tion der verschiedenen Zeichen in der richtigen Reihenfolge gewöhnt. Später können Sie ihn auch etwas länger sitzen lassen, sollten ihm dann aber das Zeichen für **„bleib“** zeigen, damit er weiß, dass es etwas dauert. Durch diese Information kann er sich besser darauf einstellen, was von ihm gewünscht wird und kommt nicht in eine Erwartungsunsicherheit. Wie Sie das Kommando **„bleib“** aufbauen, erfahren Sie hier:

„bleib“

Ziel dieser Übung ist es, dass Ihr Hund an dem zugewiesenen Ort bleibt, bis Sie ihn aus dem Kommando wieder auflösen. Er darf selbst entscheiden, ob er sitzen, liegen oder stehen will, was er dadurch lernt, dass Sie ihn nicht korrigieren, wenn er seine Position verändert, solange er an Ort und Stelle bleibt. Warum ist dies wichtig? Nun, ganz einfach: Wenn es zum Beispiel kalt und nass ist, wird Ihr Hund das Kommando mit Sicherheit zuverlässiger ausführen, wenn er sich dafür nicht ablegen oder setzen muss. Ist es aber sehr warm, wird er sich eventuell lieber hinlegen, wogegen ja nichts einzuwenden ist.

Beginnen Sie damit, dass Sie ihn **„sitz“** machen lassen und das Zeichen für **„bleib“** geben. Dann gehen Sie einen Schritt rückwärts, kommen wie-

der zurück und belohnen ihn. Wiederholen Sie diese Sequenz ein zweites Mal und lösen Sie ihn dann mit seiner Belohnung aus dem Kommando auf. Denken Sie daran, ihn nicht zu tadeln, wenn er seine Körperposition verändert; er wird nur korrigiert, falls er den Ort verlassen will.

Wenn Ihr Hund allmählich begreift, dass er bleiben und auf Sie warten soll, erweitern Sie innerhalb mehrerer Tage die Schrittfolge, bis Sie bei etwa 15 Schritten angekommen sind. Dann können Sie den Schwierigkeitsgrad erhöhen, indem Sie ihm beim Weggehen den Körper nur noch halb zuwenden, sich also schon etwas umdrehen. Diesen Übungsschritt bauen Sie dann wieder über mehrere Tage aus, bis Sie sich wieder auf 15 Schritte entfernen können, ohne dass Ihr Hund versucht, Ihnen nachzulaufen. Jetzt fangen Sie an, sich ganz herum zu drehen, wenn Sie sich von ihm entfernen, gehen anfangs aber nur drei bis fünf Schritte von ihm weg und kommen dann gleich wieder. Auch diesen Übungsschritt bauen Sie wieder behutsam auf, bis Sie bei etwa 15 Schritten sind.

Es gibt ein paar Tipps, die Ihnen helfen, das Kommando erfolgreich aufzubauen, und die es Ihrem Hund leichter machen zu verstehen, was von ihm erwartet wird:

- Wenn Sie sich von ihm entfernen, sprechen Sie nicht mit ihm – das könnte ihn ermuntern, Ihnen nachzulaufen.
- Wiederholen Sie nicht ständig das Sichtzeichen des Kommandos, während Sie sich von ihm entfernen – Ihr Hund könnte sonst glauben, Sie wollen doch etwas anderes, wenn Sie dauernd eine Anweisung wiederholen, die er bereits ausführt.
- Wenn Sie wieder auf ihn zulaufen, gehen Sie die letzten Schritte ruhig und langsam und bleiben Sie mit einem Schritt Abstand vor

ihm stehen – sonst könnte er Angst bekommen, er wird umgerannt, wenn Sie zu forsch und zu dicht an ihn heran treten.

- Rufen Sie Ihren Hund in den ersten sechs Monaten niemals aus dem **„bleib"** ab, sondern gehen Sie immer zu ihm zurück, um ihn abzuholen. Nur so lernt er, ganz zuverlässig an Ort und Stelle auf Sie zu warten.
- Arbeiten Sie anfangs ohne Ablenkungsreize und setzen Sie diese später nur dosiert und in allmählicher Steigerung ein. Es liegt an Ihnen, Ihren Hund von einem Erfolg zum nächsten zu führen.

Wenn Ihr Hund doch unerlaubt aus dem **„bleib"** aufgestanden ist und sich entfernen wollte, müssen Sie ihn natürlich korrigieren. Hierbei gibt es vier wichtige Punkte zu beachten:

- Schimpfen Sie ihn nicht! Ein Hund, der geschimpft wird, wird unsicher und nervös und somit fällt es ihm noch schwerer, die Übung korrekt auszuführen.
- Bringen Sie ihn ruhig genau an den Ausgangspunkt zurück. Er soll lernen, dass er sich nicht langsam und allmählich immer weiter nach vorne mogeln kann.
- Selbstverständlich bekommt er bei der Korrektur kein Leckerchen, denn er hat es ja nicht richtig gemacht.
- Wiederholen Sie die Übung mit einer geringeren Distanz und/ oder einem geringeren Schwierigkeitsgrad als eben, damit Ihr Hund möglichst schnell wieder zum Erfolg kommt, es also richtig macht und dafür belohnt werden kann.

„Platz“

Um dem Hund beizubringen, sich auf ein Sichtzeichen hinzulegen und liegen zu bleiben, bis ihm gezeigt wird, dass er wieder gehen darf, positionieren Sie ein Leckerchen zwischen die Finger und den Daumen, senken Sie die Hand vor den Vorderpfoten des Hundes zum Boden und warten Sie geduldig ab. Nach einer Weile wird sich der Hund bei dem Versuch, das Leckerchen zu bekommen, hinlegen. Sobald er sich hinlegt, und wirklich erst, wenn er liegt, geben Sie es ihm, lächeln ihn an und loben ihn. Dann geben Sie ihm das Zeichen, dass er wieder aufstehen darf.

Sie werden etwas Geduld für diese Übung brauchen, da der Hund beim Kommando **„Platz“** normalerweise etwas mehr Zeit braucht, um zu verstehen, was man von ihm möchte als zum Beispiel beim **„sitz“**. Fuchteln Sie nicht wild mit der Hand herum, während Sie darauf warten, dass sich Ihr Hund hinlegt. Halten Sie sie ruhig vor den Vorderpfoten am Boden. Wenn er aufsteht, statt sich hinzulegen, locken Sie ihn wieder heran und versuchen Sie es noch einmal. Sobald er verstanden hat, was Sie von ihm wollen, und das **„Platz“** zuverlässig auf Handzeichen ausführt, fangen Sie an, die Futterbelohnung zu reduzieren und nur noch die besten Übungsdurchläufe zu belohnen. Machen Sie Ihrem Hund die Übung ange-

nehm, indem Sie das Kommando nicht von ihm fordern, wenn er sich auf kaltem, nassem oder unbequemem Untergrund, wie zum Beispiel einem Kiesweg mit spitzen Steinchen, befindet!

Hat Ihr Hund den ersten Übungsschritt verstanden, können Sie das Kommando langsam verfeinern, so dass Sie am Ende nur noch mit der Handfläche Richtung Boden zeigen müssen, ohne sich weit hinunter zu beugen. Beginnen Sie hiermit aber wirklich erst, wenn Sie sicher sind, dass Ihr Hund das Handzeichen und die dazugehörige Position verstanden hat. Sie können damit anfangen, Ihre Hand bis auf drei Zentimeter über den Boden zu senken. Wenn Sie die gewünschte Reaktion erhalten, senken Sie sie beim nächsten Durchgang bis auf fünf Zentimeter über den Boden usw. Schließlich brauchen Sie nur noch mit der nach unten deutenden Handfläche Richtung Boden zu zeigen und Ihr Hund legt sich hin.

Anleinen

Diese Übung ist sehr einfach! Nachdem Sie sich die Aufmerksamkeit Ihres Hundes geholt haben, halten Sie die Leine hoch und zeigen sie ihm als Zeichen dafür, dass er jetzt angeleint werden soll. Sobald er neugierig angelaufen kommt, um zu sehen, was dieses neue Zeichen zu bedeuten hat, loben Sie ihn überschwänglich durch eine fröhliche Gesichtsmimik und halten ihm ein Leckerchen so hin, dass er seitlich an Ihnen vorbei läuft. Genau in dem Moment, in dem er das Leckerchen nimmt, hängen Sie den Karabiner der Leine ein – so wird Ihr Hund das Anleinen sehr positiv verknüpfen, denn es geschieht in dem Augenblick, in dem er die Futterbelohnung erhält.

Wichtig: Leinen Sie Ihren Hund bitte nicht nur dann an, wenn Sie anschließend nach Hause gehen oder Wild auftaucht, denn dann wird Ihr Hund sehr schnell misstrauisch, wenn Sie die Leine als Zeichen zum Anleinen in die Luft heben. Keinesfalls sollten Sie Ihren Hund jemals „zur Strafe" anleinen, weil er zum Beispiel nicht schnell genug kam.

Am besten, Sie leinen ihn während des Spaziergangs ein oder zwei Mal an und nach wenigen Metern wieder ab und geben ihm Zeit, zu schnüffeln, wenn er das möchte – so lernt Ihr Hund, dass es überhaupt nicht schlimm ist, gelegentlich an der Leine zu laufen, und dass es vor allen Dingen auch nicht bedeutet, keinen Freilauf mehr zu bekommen, wenn man erst mal „am Haken" hängt.

Leinenführigkeit

Leider bringen viele Besitzer Ihrem Hund geradezu bei, zu ziehen. Warum? Weil sie selbst an der Leine ziehen! Stellen Sie sich vor, Sie hätten ein Halsband um und jemand würde von hinten daran herumzerren und rucken. Als natürliche Reaktion wirken Sie dem entgegen, indem Sie Ihr Gewicht nach vorne verlagern, andernfalls fallen Sie ja um! Genau das bringen wir unseren Hunden bei, wenn wir die Leine anspannen, da ihre natürliche Reaktion auf unseren Zug nach hinten das Ziehen nach vorne ist. Der Schlüssel zum Erfolg besteht also in erster Linie darin, dass Sie selbst nicht ziehen, auch nicht um Ihren

Hund in eine bestimmte Richtung zu dirigieren. Gewöhnen Sie sich stattdessen an, ihn immer über das Sichtzeichen für **„weiter“** zu führen. Hat er sich einmal an einem bestimmten Punkt „fest geschnüffelt“, können Sie durch ein Wackeln an der Leine oder eine der anfangs beschriebenen Übungen seine Aufmerksamkeit erregen und ihn dann zum Weitergehen auffordern.

Belohnen Sie Sequenzen, in denen er ohne zu ziehen gelaufen ist, mit einem Leckerchen und halten Sie die Zeitspanne, die er durchhalten soll, anfangs sehr kurz. Sollte er doch so weit voraus gehen, dass sich die Leine wirklich anspannt, bleiben Sie geduldig stehen und warten Sie, bis er von selbst wieder den Druck von der Leine nimmt, indem er sich Ihnen zuwendet. Dafür wird er dann gelobt! So lernt Ihr Hund, dass Ziehen nicht auf dem schnellsten Weg in die gewünschte Richtung führt, sondern er nur dann dorthin gehen darf, wenn er an normal lockerer Leine läuft. Die Leine muss aber keinesfalls, wie in vielen Fachbüchern beschrieben, „locker durchhängen“ – Ihr Hund darf die Leinenlänge ruhig nutzen, er soll nur nicht so ziehen, dass es für Sie unangenehm wird.

Hilfreich ist es auch, wenn Sie keine zu kurze Leine benutzen, denn dann kann der Hund nicht anders, als zu ziehen. Die anfangs erwähnte drei Meter lange Leine wäre ideal.

Besonders loben sollten Sie Ihren Hund übrigens, wenn er sich selbst korrigiert, nachdem die Leine kurz auf Zug kam. Sie erkennen es daran, dass er langsamer wird und/ oder sich in Ihre Richtung korrigiert, so dass der Druck von der Leine kommt. ☺

Das Arbeiten an der Schleppleine

Manchmal kann es sinnvoll sein, den Hund an einer fünf oder zehn Meter langen Schleppleine zu führen. Hierbei sind einige Regeln zu beachten:

- Benutzen Sie die Leine niemals, um den Hund zu einer Handlung zu zwingen! Ziehen oder rucken Sie nicht daran. Alle seine Handlungen sollen freiwillig erfolgen, die lange Leine soll lediglich verhindern, dass er auf Erkundungstour geht oder ein Kommando einfach ignoriert.
- Lassen Sie das Ende der Leine niemals lose über den Boden schleifen, denn das kann sehr gefährlich werden, wenn er sich doch einmal entschließt, „stiften zu gehen". Wenn er zum Beispiel mit dieser langen Leine in den Wald läuft und sich verheddert, ist er nicht mehr in der Lage zurück zu kommen. In einem Fall war es sogar so, dass der Hund sich in der Leine verfangen hatte und sein eigenes Bein abgeschnürt hatte. Als er endlich nach zwei Tagen gefunden wurde, musste das Bein amputiert werden! Halten Sie das Ende der Leine also immer in Ihren Händen.

Mit einer Schleppleine kann der Hund im Gelände gesichert werden.

- Benutzen Sie ein weiches Material, das weder an Ihrer Hand noch am Bein Ihres Hundes Verletzungen verursacht, wenn Sie oder er sich einmal in der Leine verwickeln.
- Überlegen Sie, wie lang die Leine sein darf, dass Sie Ihren Hund trotzdem noch halten können, wenn er einmal plötzlich mit Tempo nach vorne geht. Rennt Ihnen zum Beispiel ein Boxer, Hovawart oder Dalmatiner mit voller Kraft in die Leine, können Sie ihn mit zehn Metern Anlauf kaum halten. Deshalb empfiehlt es sich auch, aufmerksam zu laufen und beim Auftauchen von verführerischen Reizen wie Wild oder anderen Hunden die Leine zu verkürzen.

Der Einsatz der Schleppleine ist hilfreich, wenn man sicher gehen will, dass der Hund Kommandos nicht einfach ignoriert und seiner Wege geht – aber denken Sie immer daran: Das Ziel Ihres Trainings ist nicht, ihn an der Leine zu sich heran zu zerren, sondern ihm beizubringen, dass er auf das zuvor erlernte Sichtzeichen zuverlässig kommen soll.

Zusätzlich kann man die Schleppleine gut in Gebieten einsetzen, die für den Freilauf einfach nicht sicher genug sind, weil zum Beispiel zu viele befahrene Straßen in der Nähe sind oder andere Gefahren lauern. Die lange Leine gibt Ihrem Hund hier die Möglichkeit zu relativ viel Bewegungsspielraum und Ihnen gleichzeitig die Sicherheit, ihn doch in einem gewissen Radius unter Kontrolle und somit in Sicherheit zu haben.

„bei Fuß"

Am besten ist es, Sie bringen Ihrem Hund das **„bei Fuß"**-Gehen von Anfang an beidseitig bei. Das bedeutet, er soll an der Körperseite neben Ihnen laufen, die Sie durch das Klopfen mit der Hand auf den Oberschenkel anzeigen.

Beginnen Sie damit, dass Sie sich ein Leckerchen in die Handfläche legen und mit dem Daumen festhalten. Zeigen Sie Ihrem Hund, was Sie da Tolles haben, klopfen Sie auf Ihren Oberschenkel und halten Sie ihm die Hand mit dem Leckerchen direkt vor die Nase.

Das kann bedeuten, dass Sie sich herunterbeugen müssen, besonders wenn Sie einen kleinen Hund haben! Laufen Sie ein Stück, während Ihr Hund dem Leckerchen in Ihrer Hand folgt. Sagen Sie dazu „Brav bei Fuß", damit der Hund das dichte neben Ihnen Laufen mit dem Kommando verbindet.

Sollte seine Konzentration nachlassen und er beginnen, sich zu weit von Ihnen zu entfernen, gewinnen Sie seine Aufmerksamkeit zurück, indem Sie das Leckerchen direkt vor seine Nase halten. Denken Sie aber daran, nur in kurzen Übungseinheiten zu arbeiten! Beginnen Sie am Anfang mit drei oder vier Schritten, halten Sie dann an und belohnen Sie Ihren Hund, wenn er korrekt an Ihrer Seite gegangen ist, indem Sie ihm das Leckerchen geben.

WICHTIG:

- Übertreiben Sie es aber nicht mit diesem Kommando! Ihr Hund braucht keinesfalls wie mit einem Klettverschluss befestigt an Ihnen zu kleben. Es reicht vollkommen aus, wenn er dicht an Ihrer Seite läuft, dabei aber trotzdem noch seine (und Ihre!) Individualdistanz einhält.
- Fordern Sie dieses Kommando nicht über lange Distanzen, denn dafür ist es nicht gedacht. **„Bei Fuß"** zu gehen erfordert eine sehr hohe Konzentrationsleistung von Ihrem Hund, denn er muss auf Ihr Tempo, Ihre Richtung und die Hindernisse auf dem Weg achten und gleichzeitig seine und Ihre Individualdistanz unterschreiten, was auf Dauer sehr anstrengend ist.

Das Kommando **„bei Fuß"** kann in Situationen angewendet werden, in denen man an einem Reiz vorbei geht, zu dem der Hund im Moment keinen Kontakt aufnehmen soll, oder wenn man eine stark befahrene Straße überquert, um den Hund zu seiner eigenen Sicherheit dicht bei sich zu halten.

Was gibt's sonst noch?!

Sie haben nun die wichtigsten Handzeichen für Lob, Tadel und die Kommandos des Grundgehorsams eingeübt. Was kommt jetzt? Das hängt davon ab, was Sie möchten und ausprobieren wollen. Sie können dem angeleinten Hund zum Beispiel während des Spaziergangs Signale über die Leine vermitteln, die ihm „sagen“, was er tun soll. Die Leine kurz anzuspannen bedeutet „anhalten“, ein leichtes Hin- und Herbewegen bedeutet „Geh jetzt weiter“, wenn er zum Beispiel sehr lange an einem Fleck geschnüffelt hat.

Über die Jahre haben wir die Kommunikation mit unseren Hunden ziemlich verfeinert. Eine kurze Bewegung der Finger, ein Winken der Hand oder ein Gesichtsausdruck konnte die ganze Mitteilung oder auch nur ein bestimmtes Kommando ausdrücken. Sie können alle Arten von Handzeichen oder Bewegungen einsetzen, um Ihrem tauben Hund beizubringen, was hörende Hunde über das gesprochene Wort lernen. Hier einige Beispiele:

- Unsere Hunde kannten ein Signal dafür, im Auto zu warten, bis sie über ein weiteres Signal aufgefordert wurden auszusteigen.

- Wenn wir ohne Leine spazieren gingen und an eine Gabelung oder Wegkreuzung kamen, zeigten wir den Weg, den wir gehen würden, indem wir mit der Hand oder einem Kopfnicken in die entsprechende Richtung deuteten.

- Unsere Hunde lernten, dass sie, wenn wir nach einem Spaziergang nach Hause kamen, nicht voller Matsch durch das Haus rennen durften. Also blieben sie ganz von allein vor der Haustür stehen, um sich ihre Pfoten abwischen zu lassen.

- Manchmal, wenn Barry den Ball für Lady warf, landete er in hohem Gras oder in den Büschen. Ein Schulterzucken und ausgestreckte Arme bedeuteten „Such den Ball!“

- Ein Wedeln mit Barrys Finger bedeutete für Lady „Hol ein Spielzeug, dann spiele ich mit Dir!“

- Das Hochziehen der Augenbrauen bedeutete für Clarissas Hunde „Gib Laut!“, während ein entsprechendes Handzeichen das Signal zum Aufhören mit dem Bellen gab.

- Das Zeigen in eine bestimmte Richtung kombiniert mit einem ganz bestimmten Gesichtsausdruck bedeutete für Clarissas Hunde: „Da kommt jemand! Und zwar aus dieser Richtung!“ Dieses Zeichen hat sich oft als nützlich herausgestellt, wenn andere Hunde aus einer Richtung angeschossen kamen, die ihre Hunde nicht einsehen konnten. Durch das Aufmerksam-Machen über das Handzeichen konnte Clarissa ihren Hunden mitteilen, dass dort „jemand“ (in diesem Fall ein anderer Hund) kommt.

Wie viel Sie erreichen können, wird von Ihrem Einfallsreichtum und Ihrem Engagement abhängen. Wir sind sicher, wir hätten unseren Hunden noch viel mehr beibringen können, wenn wir kreativer gewesen wären!

Die Aussicht, einen tauben Hund zu erziehen, scheint am Anfang oft entmutigend und schreckt manche Leute angesichts der zu erwartenden Schwierigkeiten ab. Viele Wörter beschreiben gut die Eigenschaften, die man für die Erziehung eines Hundes braucht: Beharrlichkeit, Geduld, Verpflichtung, Zeit und Engagement, um nur einige zu nennen. Sie werden all das brauchen, um einen tauben Hund zu erziehen – und zwar etwas mehr davon als bei einem hörenden. Es gibt keine schnellen Lösungen, Abkürzungen oder Zauberformeln. Aber mit der richtigen Einstellung und den richtigen Trainingsmethoden ist es definitiv möglich, einen gehörlosen Hund zu erziehen. ☺

Unerwünschtes Verhalten

Viele Leute führen ein unerwünschtes Verhalten Ihres tauben Hundes darauf zurück, dass er nicht hören kann. Meistens ist das aber gar nicht der Fall. Oft hat der Halter (oder Vorbesitzer) das Verhalten gefördert, als der Hund noch ein Welpe war, oder der Welpe wurde nicht richtig erzogen und/ oder sozialisiert. Ermuntern Sie daher einen jungen Hund nicht zu Verhaltensweisen, die Sie bei einem erwachsenen Hund nicht wünschen.

Manchmal schleichen sich auch Fehler in der Erziehung durch unbewusste Bestätigung seitens des Halters ein. Oder der Hund erlebt etwas Traumatisches, das sein weiteres Verhalten beeinflusst, zum Beispiel wird er schwer gebissen und ist seitdem anderen Hunden gegenüber misstrauisch, oder er hatte mit dem Halter einen Autounfall und will seitdem nicht mehr in das Auto einsteigen usw.

In diesem Fall sollten Sie sich einen erfahrenen Trainer suchen, der Ihnen nach eingehender Analyse des Verhaltens Ihres Hundes ein auf ihn abgestimmtes Trainingsprogramm zusammenstellt und Ihnen auch bei dessen Durchführung zur Seite steht.

WICHTIG:
Achten Sie aber genau darauf,
wem Sie sich und Ihren Hund anvertrauen!

Hundetrainer gibt es wie Sand am Meer und, wie schon erwähnt, arbeiten leider nicht alle über positive Verstärkung und unter Berücksichtigung ethischer Standpunkte. Sie sollten sich eine Trainingsstunde daher erst einmal ansehen und Ihren Hund dabei möglichst zu Hause lassen. Machen Sie sich zuerst ein Bild über die Arbeitsweise des Trainers und fragen Sie sich beim Beobachten immer, ob Sie als Hund so behandelt werden möchten, wenn Sie einer wären. Wenn Sie diese Frage mit „ja" beantworten können, ist dies ein erstes gutes Zeichen. Ansonsten berücksichtigen Sie die Tipps zur Trainersuche, die weiter vorne im Buch aufgelistet sind.

Gedanken zum Schluss

Wir haben in diesem Buch all unser Wissen über die Gehörlosigkeit bei Hunden zusammengetragen. Beim Schreiben wurden Erinnerungen an unsere eigenen Hunde wach: Lady, Dino, Elsa und Miss Lizzy. Sie waren taub und deshalb in manchen Punkten anders, aber sie waren nicht weniger einzigartig, als jeder Hund auf dieser Welt es ist. Die Zeit mit ihnen war wertvoll und – egal, wann sie gestorben sind – immer zu kurz. So vieles haben sie uns gelehrt und so gern hätten wir noch viel länger mit ihnen zusammen gelebt...

Wir haben schon oft mit Freunden darüber diskutiert, warum welcher Hund (welches Tier) zu welchem Menschen findet. Warum kreuzten gerade diese Hunde unseren Lebensweg? Welcher Sinn verbirgt sich in den Begegnungen unserer Beziehungen, seien sie zu Menschen oder zu Tieren? Auf manche unserer Fragen haben wir Antworten gefunden, auf andere (noch) nicht. Für die Begegnungen mit unseren Tieren – den tauben und den hörenden – sind wir jedenfalls zutiefst dankbar.

Wenn Ihr Lebensweg Sie zu einem tauben Hund geführt hat, nehmen Sie die Herausforderung an, denn es hat bestimmt seinen Sinn, dass Sie ihm begegnet sind. Informieren Sie sich, bis Sie mehr Sicherheit über den Umgang und die Erziehung gewonnen haben – wir hoffen, dieses Buch konnte Ihnen dabei helfen. Entwickeln Sie Ideen und lassen Sie sich gegebenenfalls von einem Profi helfen. Am Ende werden Ihr Einsatz und Ihre Mühe belohnt, und Sie werden eine ganz besondere Beziehung zu Ihrem Hund haben. Sie werden Gemeinsamkeit in der Stille erleben, und wir sind sicher, Sie werden es genießen!

Danksagung

Unser Dank gilt natürlich zuerst einmal unseren vierbeinigen Freunden, die uns dazu gebracht haben, uns intensiv mit dem Thema Taubheit bei Hunden zu beschäftigen.

Dann möchten wir uns bei Britta Laupichler bedanken, die uns bei den Recherchen, insbesondere im Bereich der Anatomie und Pathologie, sehr geholfen hat.

Schließlich gilt unser Dank auch Ihnen, unseren Lesern, weil Sie schon durch den Kauf und das Lesen dieses Buches die Bereitschaft gezeigt haben, sich mit dem Thema auseinander zu setzen. Wir hoffen sehr, dass Sie alle für Sie wichtigen Informationen gefunden haben.

Weitere Informationen

Weitere Informationen zur Haltung und Ausbildung von tauben Hunden finden Sie unter:

www.TaubeHunde.de

http://www.leveste.de/dalmaweb/taubheit.htm

www.dasgesundeohr.de

Bei folgender Adresse können Sie Halstücher und Anhänger mit dem Symbol für Gehörlosigkeit bestellen:

Hundumschick
Annette Vogel
Hohe Marter 44
90441 Nürnberg
www.hundumschick.de
info@hundumschick.de

Unter folgender Adresse erreichen Sie das TASSO Haustierzentralregister, bei dem Sie Ihren Hund registrieren lassen können:

TASSO e.V.
Frankfurter Str. 20
65795 Hattersheim
Tel.: +49 (0) 6190/ 93 73 00
www.tasso.net
email: info@tasso.net

Bei folgenden Adressen können Sie gut sitzende Brustgeschirre, Leinen, sonstiges Zubehör und Nahrungsmittel für Ihren Hund bestellen:

www.pfotenversand.de

www.together-zubehör.de

In folgenden Kliniken können Sie einen Audiometrietest vornehmen lassen:

Deutschland

Klinik für Kleintiere
Universität Leipzig
Dr. Jurina und Dr. Werner
An den Tierkliniken 23
04103 Leipzig
Tel.: 0341/ 97 38 700
Fax: 0341/ 97 38 799
Email:
info@kleintierklinik.uni-leipzig.de
www.kleintierklinik.uni-leipzig.de

Kleintierklinik Dres.
Kühn & Schmidt
Carl-Benz-Str. 2
04451 Panitzsch/ bei Leipzig
Tel.: 034291/ 20276
Fax: 034291/ 20476
Email:
info@tierklinik-panitzsch.de
www.tierklinik-panitzsch.de

Tierärztliche Klinik
für Kleintiere und Pferde
Dres. Schwede
Fröbelstr. 25
06886 Lutherstadt Wittenberg
Tel.: 03491/ 66 30 15
Fax: 03491/ 66 30 16
Email:
info@tierklinik-wittenberg.de
www.tierklinik-wittenberg.de

Dr. J. Kröger
Hagenplatz 1
14193 Berlin
Tel.: 030/ 810 56 852
Fax: 030/ 810 56 853
Email: praxis@kroeger-tierarzt.de
www.kroeger-tierarzt.de

Tierärztliche Gemeinschaftspraxis
Dr. Loser & Dr. Schickert
Karlsbader Str. 1
14193 Berlin
Tel.: 030/ 826 18 14
Fax: 030/ 825 49 02

Tierklinik Dr. H. Koch
Osterwiese 10
21409 Embsen-Oerzen
Tel.: 04134/ 354
Fax: 04134/ 8230
Email:
kontakt@tierklinik-oerzen.de
www.tierklinik-oerzen.de

Tierarztpraxis Alexander Heere
Langenhege 57
21465 Reinbek
Tel.: 040/ 78 10 99 60
Fax: 040/ 78 10 99 61
Email:
info@tierarztpraxis-heere.de
www.tierarztpraxis-heere.de

Kleintierpraxis Barth/ Lensch/ Schroedter
Ziegelstr. 51
23795 Bad Segeberg
Tel.: 04551/ 6445
Email:
info@praxisfuerkleintiere.de
www.praxisfuerkleintiere.de

Tierärztliche Hochschule
Frau Dr. Krämer, Frau Dr. Meyer-Lindenberg und Herr Dr. Rentmeister
Bischofsholer Damm 15
30173 Hannover
Tel.: 0511/ 856 7253
Fax: 0511/ 856 7686
Email:
kleintierklinik@tiho-hannover.de
www.tiho-hannover.de/einricht/klt

Tierärztliche Klinik für Kleintiere
Dr. Lüttgenau
Bechterdisser Str. 6
33719 Bielefeld
Tel.: 0521/ 260 370
Email: Tierklinikluett@aol.com
www.tierklinik-bielefeld.de

Dr. Roland Schulz
Niederelsunger Str. 20
34289 Zierenberg
Tel.: 05606/ 1333
Email: info@tierarzt-kassel.de

Chirurgische Vet.-Klinik Gießen
Herr Schmidt
Frankfurter Str. 126
35392 Gießen
Tel.: 0641/ 9938 666
Fax: 0641/ 9938 619
Email: kleintierklinik@vetmed.uni-giessen.de
http://www.vetmed.uni-giessen.de/klifr2az.htm

Dr. W. Neumann
Am Drosselschlag 25
35452 Giessen/ Heuchelheim
Tel.: 0641/ 66 646
Mobil: 0171/ 600 37 25
Email: wn@vetmed.de
www.vetmed.de

Dr. T. Grammel
Schillerstr. 17 – 19
37520 Osterode
Tel.: 05522/ 900 60
Fax: 05522/ 900 620
Email: tgrammel@dr-grammel.de
www.dr-grammel.de

Kleintierpraxis Dr. Jens M. Diel
Uerdinger Str. 74
40668 Meerbusch-Lank
Tel.: 02150/ 70 57 32
Fax: 02150/ 70 57 33
Email: jensdiel@webvet.de
www.tierarzt-meerbusch.de

Kleintierklinik Berthold Menzel
Dr. Gregor Hauschild
Am Stadion 113
45659 Recklinghausen
Tel.: 02361/ 57 833
Fax: 02361/ 37 835
Email:
info@kleintierklinik-menzel.de
www.kleintierklinik-menzel.de

Tierklinik am Kaiserberg
Herr Dr. Saers
Wintgenstr. 81 – 83
47058 Duisburg
Tel.: 0203/ 33 30 36
Fax: 0203/ 34 29 79
Email:
kontakt@tieraerztliche-klinik.com
www.tierklinik-kaiserberg.de

Herr W. Bulgrin
Willicher Str. 18
47918 Tönisvorst
Tel.: 02151/ 700 103
Fax: 02151/ 79 11 98
www.tierarzt-bulgrin.de

Tiergesundheitszentrum
Grußendorf
Frau Dr. Schmidt
Wiechmanns Eck 2
49565 Bramsche
Tel.: 05461/ 9410 0
Fax: 05461/ 0410 11
Email: info@
tiergesundheitszentrum.com
www.tiergesundheitszentrum.com

Dr. J. J. Wodecki
Bürgerbuschweg 5
51381 Leverkusen
Tel.: 02171/ 89 809

Andrea Bathen-Nöthen
In den Räumen der Tierarztpraxis
C. Heider
Bahnhofstr. 9
51789 Lindlar
Tel.: 02266/ 4799 112
Fax: 02266/ 4799 129
Email: bathen@vetneuro.de
www.vetneuro.de

Kleintierklinik Dres. Kornberg
Pellinger Str. 57
54294 Trier-Feyen
Tel.: 0651/ 938 660
Fax: 0651/ 938 6666
Email: Kornberg@tierklinik-trier.de
www.tierklinik-trier.de

Dr. G. Viefhues
Bunsenstr. 20
59229 Ahlen
Tel.: 02382/ 833 33
Fax: 02382/ 820 68
Email:
Kontakt@tierklinik-ahlen.de
www.tierklinik-ahlen.de

Dr. Florian König
Am Berggewann 13
65199 Wiesbaden-Dotzheim
Tel.: 0611/ 422 250
Fax: 0611/ 429 619 0
Email: fk@neurovet.de
www.neurovet.de

Dres. Pack und Scherer
Heinitzstr. 10
66583 Spiesen-Elversberg
Tel.: 06821/ 17 94 94
Fax: 06821/ 17 94 90

Dr. Christopher Frede
Hauptstr. 104a
67366 Weingarten/Pfalz
Tel.: 06344/ 5654
Fax: 06344/ 6936

Gemeinschaftliche Tierarztpraxis
Dr. Emil und Sven Zimmermann
An der Tuchbleiche 38
68623 Tampertheim-Hüttenfeld
Tel.: 06256/ 85 90 90

Dr. R. Erath
Winnender Str. 17
71397 Leutenbach
Tel.: 07195/ 84 07

Medizinische Tierklinik
der Tierärztlichen Fakultät
der LMU München
Frau Fischer
Veterinärstr. 13
80539 München
Tel.: 089/ 2180 2650
Fax: 089/ 2180 6240
Email: info@medizinische-kleintierklinik.de
www.medizinische-kleintierklinik.de

Gemeinschaftspraxis
Dres. Gödde, Steger und Steger
Heuerungstr. 10
83451 Piding
Tel.: 08651/ 788 78
Fax: 08651/ 98 48 28
www.tierarzt-piding.de

Tierärztliche Fachklinik
für Kleintiere
Keferloher Str. 25
85540 Haar
Tel.: 089/ 3750 8600
Fax: 089/ 3750 8609
Email: info@tierklinik-haar.de
www.tierklinik-haar.de

Dr. Helmut Zartner
Braunhofstr. 40
95445 Bayreuth
Tel.: 0921/ 45 5 88

Tierärztliche Praxis für Neurologie
Mainfrankenpark 16b
97337 Dettelbach
Tel.: 09302/ 93 22 10
Fax: 09302/ 93 22 15
Email: info@tierneurologie.de
www.tierneurologie.de

Österreich

Tierspital der Veterinärmedizinischen Universität Wien
Klinik für Kleintiere
Veterinärplatz 1
1210 Wien
0043/ 1/ 25077 5137
www.vu-wien.ac.at

Tierambulanz Kierling
Reißgasse 17
3412 Kierling
Tel.: 0043/ 2243/ 87 528
www.kierling-tierarzt.at

Kleintierordination Mittertreffling
Dr. Biberauer
Wagnerweg 2
4210 Engerwitzdorf
Tel.: 0043/ 732/ 50 550
Fax: 0043/ 732/ 50 550 4
Email: biberauer@vetmet.at
www.kleintier-ordination.com

Schweiz

Vetsuisse-Fakultät
Universität Zürich
Department für Kleintiere/
Klinik für Kleintierchirurgie
Winterthurerstr. 260
CH-8057 Zürich
Tel.: 0041/ 44 635 84 11
Fax: 0041/ 44 635 89 44
Ansprechpartner:
Dr. med. vet. Frank Steffen
Email: fsteffen@vetclinics.uzh.ch
www.tierspital.uzh.ch

Tierklinik Obergrund
Schlossstr. 1
6005 Luzern
Tel.: 0041 311 13 80
Email:
tierklinik-obergrund@bluewin.ch
www.tierklinik-obergrund.ch

Welpen

Anschaffung, Erziehung und Pflege

Clarissa v. Reinhardt

Kommt ein Welpe ins Haus, gibt es bei seiner Aufzucht, Pflege und Erziehung vieles zu bedenken. Einfühlungsvermögen, Geduld und Fachwissen sind gefragt, damit sich aus dem Hundebaby der erwachsene, gut sozialisierte, nervenstarke und souveräne Hund entwickelt, den man sich wünscht.

Viele wichtige Tipps und Hinweise machen dieses Buch zur Fundgrube für alle Hundehalter, die ihren jungen Hund liebevoll, fair und dennoch konsequent erziehen wollen.

Hardcover, 144 Seiten, mit zahlreichen farbigen Abbildungen, ISBN: 978-3-936188-26-4

Calming Signals

Die Beschwichtigungssignale der Hunde

Turid Rugaas

Turid Rugaas, eine der weltweit angesehensten Hundetrainerinnen, hat über zwanzig Jahre lang das Phänomen der „Cut-Off-Signals" bei Hunden beobachtet und mit dem Begriff der „Beschwichtigungssignale" einer breiten Öffentlichkeit zugänglich gemacht. In diesem Buch erklärt sie, warum, wann und wie Beschwichtigungssignale von Hunden eingesetzt werden, und weiterhin, wie wir Menschen die Signale erkennen, deuten und sogar selbst einsetzen können. So wird es jedem möglich, zu einem besseren Verständnis seines eigenen, aber auch fremder Hunde zu gelangen.

Hardcover, 104 Seiten, mit zahlreichen Farbfotos und Fallbeispielen, ISBN: 978-3-936188-01-1

Hund vermisst!

Ein kleiner Ratgeber mit großer Wirkung

Silke Böhm

Allein in Deutschland leben über sechs Millionen Hunde, die meisten von ihnen als geliebte Familienmitglieder, die ihre Menschen durch den Alltag begleiten und ihre Freizeit mit ihnen verbringen. Wer mit einem Hund zusammenlebt, möchte ihn nicht mehr missen. Doch was ist zu tun, wenn er plötzlich verschwunden ist?!
Die Broschüre der Hamburger Journalistin Silke Böhm gibt viele wertvolle Hinweise, wie eine erfolgreiche Suche den vermissten Hund möglichst schnell wieder nach Hause bringt.

Broschüre, 40 Seiten, mit zahlreichen farbigen Abbildungen ISBN: 978-3-936188-35-6

Die Welt in seinem Kopf

Über das Lernverhalten von Hunden

Dorothée Schneider

Das vorliegende Buch vermittelt auf anschauliche und verständliche Weise Fachwissen rund um das Thema Lernen bei Hund und Halter. Dadurch sind Sie in der Lage, Methoden und Trainingsanweisungen auf ihre biologische Stimmigkeit hin zu überprüfen. Ist das Training „gehirngerecht" aufgebaut? Stimmt die angebotene Ausbildungsmethode mit dem Wesen Ihres Hundes überein? Hat der Hund Spaß an seinem Training? Dieses Buch hilft Ihnen außerdem, die Arbeit einer Hundeschule oder eines Trainers fachlich zu beurteilen und Ihren Hund so vor unsinnigen Übungsanleitungen, überzogener Strenge und falsch gesteckten Trainingszielen zu bewahren.

Hardcover, 166 Seiten, mit zahlreichen farbigen Abbildungen, ISBN: 978-3-936188-19-6